2024
水文发展年度报告

2024 Annual Report of Hydrological Development

水利部水文司　编著

中国水利水电出版社
www.waterpub.com.cn
·北京·

内 容 提 要

本书通过系统整理和记述2024年全国水文改革发展的成就和经验，全面阐述了水文综合管理、规划与建设、水文站网管理、水文监测管理、水文情报预报、水资源监测与评价、水质水生态监测与评价、科技教育等方面的情况和进程，通过大量的有代表性的实例客观反映了水文工作在经济社会发展中的作用。

本书具有权威性、专业性和实用性，可供水文行业管理人员和技术人员使用，也可供水文水资源相关专业的师生或从事相关领域工作的管理人员阅读参考。

图书在版编目（CIP）数据

2024水文发展年度报告 / 水利部水文司编著.
北京 : 中国水利水电出版社, 2025. 6. -- ISBN 978-7-5226-3519-4

Ⅰ. P337.2

中国国家版本馆CIP数据核字第2025K6T886号

书　　名	**2024水文发展年度报告** 2024 SHUIWEN FAZHAN NIANDU BAOGAO
作　　者	水利部水文司 编著
出版发行	中国水利水电出版社 （北京市海淀区玉渊潭南路1号D座 100038） 网址：www.waterpub.com.cn E-mail：sales@mwr.gov.cn 电话：(010) 68545888（营销中心）
经　　售	北京科水图书销售有限公司 电话：(010) 68545874、63202643 全国各地新华书店和相关出版物销售网点
排　　版	山东水文科技服务有限公司
印　　刷	北京印匠彩色印刷有限公司
规　　格	210mm×297mm　16开本　9印张　129千字　1插页
版　　次	2025年6月第1版　2025年6月第1次印刷
印　　数	0001—1000册
定　　价	**80.00元**

凡购买我社图书，如有缺页、倒页、脱页的，本社营销中心负责调换

版权所有·侵权必究

主要编写人员

主　　　编	刘志雨
副 主 编	束庆鹏　李兴学
编写组组长	李兴学　王金星
副 组 长	潘曼曼　刘宝家　彭辉　杨丹　刘晋　白葳
	李静　刘庆涛　尹志杰
统　　稿	吴梦莹　王晨雨　王圆圆　王梓　席嘉颖　王流通
编写组成员	刘陈飞　吴梦莹　石梦阳　陆鹏程　熊珊珊　刘圆圆
	樊爱鹏　穆禹含　陶思铭　王晨雨　王圆圆　昝友让
	宋凡　王梓　李睿　戴丽纳　安会静　吴春熠
	席嘉颖　季叶飞　王流通　邢荣　马丁　张泽宇
	黄宇桥　王一萍　张妹　杨伟英　陈蕾　张玉洁
	蔡颖　徐润泽　黄治锟　董江维　孙雪蓉　许凯
	程艳阳　匡燕鹄　王全武　梁婷　陈尧　龚文丽
	方针　周培艺　谢章锐　娄发立　张锦刚　漆永前
	刘生明　于冬　郭婧媛　许丹
参编单位	水利部水文水资源监测预报中心
	各流域管理机构
	各省（自治区、直辖市）水利（水务）厅（局）
	新疆生产建设兵团水利局

前　言

水文事业是国民经济和社会发展的基础性公益事业，水文事业的发展历程与经济社会的发展息息相关。《水文发展年度报告》作为反映全国水文事业发展状况的行业蓝皮书，力求从宏观管理角度，系统、准确阐述年度全国水文事业发展的状况，记述全国水文改革发展的成就和经验，全面、客观反映水文工作在经济社会发展中发挥的重要作用，为开展水文行业管理、制定水文发展战略、指导水文现代化建设等提供参考。报告内容取材于全国水文系统提供的各项工作总结和相关统计资料以及本年度全国水文管理与服务中的重要事件。

《2024水文发展年度报告》由综述、综合管理篇、规划与建设篇、水文站网管理篇、水文监测管理篇、水文情报预报篇、水资源监测与评价篇、水质水生态监测与评价篇、科技教育篇等9个部分，以及"2024年度全国水文行业十件大事""2024年度全国水文发展统计表"组成，供有关单位和读者参阅。

水利部水文司

2025年5月

目　　录

前言

第一部分　综述

第二部分　综合管理篇

　　一、部署年度水文工作……………………………………　4
　　二、政策法规体系建设……………………………………　5
　　　　专栏1……………………………………………………　7
　　　　专栏2……………………………………………………　11
　　三、机构改革与体制机制…………………………………　14
　　四、国际交流与合作………………………………………　23
　　五、水文文化建设和宣传…………………………………　25
　　六、精神文明建设…………………………………………　34

第三部分　规划与建设篇

　　一、加快推进雨水情监测预报"三道防线"建设…………　39
　　　　专栏3……………………………………………………　42
　　　　专栏4……………………………………………………　43
　　二、规划和前期工作………………………………………　44
　　　　专栏5……………………………………………………　45
　　三、投资计划管理…………………………………………　47
　　四、项目建设管理…………………………………………　49
　　　　专栏6……………………………………………………　53
　　五、运行维护经费落实情况………………………………　54
　　六、推进水利工程配套水文设施建设情况………………　54

第四部分　水文站网管理篇

　　一、水文站网发展…………………………………………　57
　　二、站网管理工作…………………………………………　58
　　　　专栏7……………………………………………………　65
　　　　专栏8……………………………………………………　67

第五部分 水文监测管理篇

一、水文测报管理 ·· 68
二、水文应急监测 ·· 70
  专栏 9 ·· 73
三、水文测量 ·· 73

第六部分 水文情报预报篇

一、水情气象服务工作 ·· 76
  专栏 10 ··· 79
二、水情业务管理工作 ·· 82
  专栏 11 ··· 83

第七部分 水资源监测与评价篇

一、水资源监测与信息服务 ·· 85
  专栏 12 ··· 94
二、地下水监测分析管理 ·· 99
  专栏 13 ···102

第八部分 水质水生态监测与评价篇

一、水质水生态监测工作 ··104
  专栏 14 ···108
二、水质监测管理工作 ··112
三、水质水生态监测成果及应用 ······································114

第九部分 科技教育篇

一、水文科技发展 ··116
  专栏 15 ···121
  专栏 16 ···123
二、标准体系建设与新技术研究应用 ··································123
三、水文人才队伍发展 ··126
  专栏 17 ···129

附录 2024 年度全国水文行业十件大事
附表 2024 年度全国水文发展统计表

第一部分 综述

2024年是新中国成立75周年，是习近平总书记发表保障国家水安全重要讲话10周年。党中央、国务院高度重视防汛抗旱和水文工作。党的二十届三中全会明确要求，推进国家安全体系和能力现代化，提高防灾减灾救灾能力，完善自然灾害特别是洪涝灾害监测、防控措施。2024年7月25日，中共中央政治局常务委员会研究部署防汛抗洪救灾工作，会议指出要进一步完善监测手段，提高预警精准度。习近平总书记先后于6月18日、7月20日、9月12日对加强灾害监测预警、强化巡查排险、强化预警和应急响应联动等作出重要指示。7月1日，李强总理在湖口水文站检查防汛备汛工作时强调，预报预警是防灾避险的第一道防线，要充分应用信息科技手段，加强部门联合会商和滚动研判，尽量拉长预报期、多给提前量、提高精准度。水利部党组深入贯彻落实习近平总书记关于治水重要论述和加强灾害监测预警等重要指示批示精神，强力部署推进雨水情监测预报体系建设工作。1月11日，李国英部长在全国水利工作会议上强调，要加快完善雨水情监测预报体系，按照"应设尽设、应测尽测、应在线尽在线"原则，统筹结构、密度、功能，重点围绕流域防洪、水库调度实际需求，加快构建由气象卫星和测雨雷达、雨量站、水文站加降雨预报模型、产汇流水文模型、洪水演进水动力学模型组成的雨水情监测预报"三道防线"，进一步延长洪水预见期、提高洪水预报精准度。6月3—4日，水利部在北京市门头沟区召开现代化雨水情监测预报体系建设现场推进会，李国英部长出席会议就加快推进现代化雨水情监测预报体系建设提出"一二三四"（锚定"一个目标"，抓住"两项重点"，建设"三道防线"，支撑"四预"功能）总体架构和实施路径。

一年来，全国各级水文部门系统深入贯彻党中央国务院决策部署，全面落实水利部工作要求，攻坚克难、担当实干，全面完成水文各项目标任务，推动水文高质量发展取得新成效。

雨水情监测预报"三道防线"建设成效显著。"第一道防线"建设取得重大突破。水利部联合财政部印发《全国中小河流治理总体方案》，将测雨雷达建设纳入中央财政水利发展资金使用范围，首次安排资金支持中小河流治理测雨雷达建设。北京、天津、浙江、山东、广东、贵州等省份新建成测雨雷达40部，另落实121部投资。水利部信息中心实现了基于气象卫星的强降雨风险实时预警。"第二、第三道防线"建设取得重大进展。全部完成水文站高洪测验设施设备现代化升级改造，高标准建设1万余处雨量站、水文（位）站，建成一批全要素全量程全自动水文站。推进水利工程配套建设水文设施3000余处。水文监测新技术装备研发推广取得多点突破。水文预报模型研发应用加快推进。

支撑打赢水旱灾害防御硬仗有力有效。2024年，我国江河洪水南北齐发、早发多发、历史罕见，水旱灾害防御形势复杂严峻。各级水文部门充分发挥雨水情监测预报"三道防线"作用，精密监测、精准预报，共采集雨水情信息37.36亿条，发布雨水情短信4706万条，开展洪水调查河段长度6639km。汛期滚动开展洪水预报21万站次，累计出动应急监测队伍7216队次，30000人次，增设应急监测断面1006处，抢测洪水4503场次，精细化开展洪水演进预演，有力支撑"格美"等台风暴雨洪水应对、26次编号洪水及湖南省团洲垸堤防决口处置、陕西省柞水县高速桥垮塌事件调查、四川省汉源县暴雨泥石流监测、内蒙古自治区老哈河堤防溃口封堵等重大应急突发事件水旱灾害防御工作。面对严重旱情，西南、华北、西北等地水文部门加强降雨、土壤墒情、河道来水、引取水等监测分析，研判旱情发展演变趋势，为抗旱保供水和水工程调度提供及时准确数据支撑。

服务水资源水生态水环境治理成效突出。水文部门构建立体化监测体系，健全生态流量监测预警体系，实施全要素全过程监测，实时评估补水成效，有力支撑母亲河复苏、京杭大运河全线贯通和水资源刚性约束制度落实。统筹地表水与地下水监测站网，加强江河湖库重要控制断面、行政区界、跨流域区域调水供水、饮用水水源地的水质水生态监测，全年开展9.2万站次水质监测和3800余站次水生态监测，有力支撑饮水安全保障、河湖生态环境复苏和河湖健康评价等工作。圆满完成丹江口库区及其上游流域水质安全保障水文水质监测工作。国家地下水监测二期工程可行性研究进入国家发展改革委审批阶段。地方地下水站数据实现应传尽传，监测质量和共享水平明显提升。首次完成全国地下水水位综述性评价，首次实现华北地区和三江平原等重点区域水位逐月预警。

水文行业管理能力和社会影响进一步提高。水利部出台《全国水文情况统计调查制度》《重大水旱灾害事件水文应急测报工作要求（试行）》《水质监测质量和安全管理办法实施细则》等文件。财政部、水利部联合印发《水文技术装备专用资产配置标准（试行）》，推进《河流流量测验规范》（GB 50179）、《水库水文泥沙监测规范》（SL 339）等27项"急用先行"标准加快制修订。各级水文部门在水利部平台发布各类稿件1000余篇，在央地媒体被宣传报道1万余篇。《水文"尖兵"夜战团洲垸》等被人民网、新华社等主流媒体刊发。参加世界水资源大会、联合国教科文组织政府间水文计划理事会会议，传播中国治水理念。圆满完成国际河流水文报汛任务。成功签署中越汛期水文资料交换实施方案。水文系统党建和精神文明建设深度融合不断加强。

第二部分 综合管理篇

2024年，全国水文系统全面贯彻党的二十大和二十届二中、三中全会精神，深入践行习近平总书记"节水优先、空间均衡、系统治理、两手发力"治水思路和关于治水重要论述精神，按照水利部党组的决策部署，大力推进水文现代化建设，加快完善雨水情监测预报体系，全面提升水文支撑保障能力。

一、部署年度水文工作

3月19—20日，水利部在山东省淄博市召开水文工作会议，总结2023年水文工作，分析形势与任务，安排部署2024年重点工作。时任水利部副部长刘伟平出席会议并讲话。会议充分肯定了2023年全国水文系统在支撑水旱灾害防御、水文现代化建设、服务水资源水生态水环境治理、水文行业管理和党建工作等方面取得的成绩。会议要求，水文工作要坚持高质量发展和高水平安全良性互动，准确把握党中央国务院对水利工作的高度重视和发展新质生产力带来的新机遇，承担好为中国式现代化全面推进强国建设、民族复兴伟业提供有力水安全保障的新任务。会议强调，水文工作要全力做好水旱灾害防御支撑服务，要加快完善雨水情监测预报体系，要积极支撑水资源管理与水生态保护，要持续提升水文行业管理能力，要大力推进水文科技创新，要坚定不移推进全面从严治党。会上，水利部总工程师仲志余宣读《水利部办公厅关于表扬全国水文先进集体和先进个人的通报》并作总结讲话。水利部信息中心、长江水利委员会（简称长江委）、海河水利委员会（简称海委）和山东、河北、吉林、江西、广东、广西、四川省（自治区）水利厅作交流发言，与会代表开展分组讨论并现场观摩山东省淄博市水文中心和岔河水文站现代化建设。水利部机关有关司局、部直属有关单位负责同志，各流域管理机构、各省（自治区、直辖市）水利（水务）厅（局）和新疆生产建设兵团（简称新疆兵团）水利局分管水文工作负责同志及水文行政管理局（处）主要负责同志，各流域管理机构水文局、各省（自治区、直辖市）水文部门及陕西省地下水保护与监测中心主要负责同志参加会议。

二、政策法规体系建设

1. 健全法规制度体系

水文制度体系不断健全。水利部修订印发《全国水文情况统计调查制度》，制定《水文统计源头数据质量核查要求》，制度实施成果将为加快完善雨水情监测预报体系、推进水文现代化建设等管理决策提供基础数据支撑；制定印发《重大水旱灾害事件水文应急测报工作要求（试行）》，不断健全水文应急测报机制；印发《水质监测质量和安全管理办法实施细则》，统一规范水利系统水质监测质量和安全管理工作。黄河水利委员会（简称黄委）于2024年12月16日修订印发《黄河水文管理办法》。海委修订印发《海河流域洪水预警发布管理暂行办法》，实现流域各河系洪水预警发布全覆盖。《广西壮族自治区水文条例》经3月28日广西壮族自治区第十四届人大常委会第八次会议修订通过，填补具有历史文化价值的水文测站及其水文资料保护与利用、水文文化宣传、水文预报预警等方面立法空白。《甘肃省水文管理办法》经11月5日十四届甘肃省人民政府第64次常务会议修订通过。《宁夏回族自治区实施〈地下水管理条例〉办法》经11月5日宁夏回族自治区人民政府第61次常务会议审议通过，填补了地下水管理方面政府规章空白。广东省人民政府办公厅印发《关于推进水文高质量发展的意见》，完善了全省水文高质量发展的顶层设计。《陕西省地下水条例》经3月26日陕西省第十四届人大常委会第九次会议修正通过;陕西省人民政府办公厅印发《陕西省加强地下水保护管理工作若干措施》。安徽省积极推动市级水文立法工作（专栏1），《滁州市水文管理办法》经12月16日滁州市人民政府第63次常务会议审议通过，芜湖市、马鞍山市水文管理办法已报政府常务会议审议。山东省持续推进省市县三级水文管理法规规章体系建设，《山东省水文条例（草案）》提交省人大，《青岛市水文管理办法》《沂水县水文管理办法》等市县水文管理办法于4月正式施行。《湖南省水文条例（修订草案）》列入湖南省省级立法调研项目，已通过立法质量评估以及地方性法规公平竞争审查。四川省水利厅出台《关于进一步加强水文监测设施和监测环境保护工作的通知》。天津、黑龙江、湖南等省（直辖市）印发关于推进水利工程配套水文设施建设的实施意见。

截至2024年年底，全国有26个省（自治区、直辖市）制修订出台了水文地方性法规和政府规章（表2-1）。

表2-1 地方水文政策法规建设情况表

省（自治区、直辖市）	行政法规		政府规章	
	名称	出台时间	名称	出台时间
河北	《河北省水文管理条例》	2002年11月		
辽宁	《辽宁省水文条例》	2011年7月		
吉林	《吉林省水文条例》	2015年7月		
黑龙江			《黑龙江省水文管理办法》	2016年11月
上海			《上海市水文管理办法》	2012年5月
江苏	《江苏省水文条例》	2009年1月		
浙江	《浙江省水文管理条例》	2020年11月		
安徽	《安徽省水文条例》	2010年8月		
福建			《福建省水文管理办法》	2014年6月
江西			《江西省水文管理办法》	2014年1月
山东			《山东省水文管理办法》	2015年7月
河南	《河南省水文条例》	2005年5月		
湖北			《湖北省水文管理办法》	2010年5月

续表

省（自治区、直辖市）	行政法规		政府规章	
	名　称	出台时间	名　称	出台时间
湖南	《湖南省水文条例》	2006年9月		
广东	《广东省水文条例》	2012年11月		
广西	《广西壮族自治区水文条例》	2024年3月		
重庆	《重庆市水文条例》	2009年9月		
四川	《四川省水文条例》	2022年12月		
贵州			《贵州省水文管理办法》	2009年10月
云南	《云南省水文条例》	2010年3月		
西藏			《西藏自治区水文管理办法》	2020年8月
陕西	《陕西省水文条例》	2019年1月		
甘肃			《甘肃省水文管理办法》	2024年11月
青海			《青海省实施〈中华人民共和国水文条例〉办法》	2009年2月
宁夏			《宁夏回族自治区实施〈中华人民共和国水文条例〉办法》	2022年9月
新疆			《新疆维吾尔自治区水文管理办法》	2017年7月

专栏1

安徽加强部门区域协作，推进地方立法进程

加强部门合作协作。2024年年初安徽省水文局主要负责人带队到省气象局进行座谈调研，形成专题会议纪要，就扩大雨量站观测信息共享范围、全面共享雷达监测成果、联合开展卫星遥感分析应用、完善致洪暴雨预测预报服务、推进实用课题研究与攻关、建立合作对接等方面达成一致。共享气象雨量站数翻番至4415处。

资源共享协同创新。安徽省水文局与浙江省水文中心召开专题座谈会，立足流域治理与区域协作，深化两省水文工作合作并形成会议纪要，基于现有信息交换渠道，相互提供新安江流域实时监测信息服

务；共享新安江流域预报成果；汇编刊印流域历史资料；开展山洪灾害动态预警、中小河流预报预警、测雨雷达建设及应用等方面的科技创新攻关合作；强化现代化水文站试点建设、水文数字化应用和水文科普等方面的交流。

出台《滁州市水文管理办法》。《滁州市水文管理办法》已于2024年12月16日滁州市人民政府第63次常务会议审议通过，2024年12月31日滁州市人民政府令第33号正式发布，自2025年2月1日起施行。《滁州市水文管理办法》颁布实施，将有助于解决市级水文站网统一规划与建设、站网建设地方配套经费等问题。

推进合肥市双重管理体制。在合肥积极推进地方立法和实行双重管理体制，相关请示已获合肥市人民政府批准，首次打通了该市政府对水文监测工作经费支持的渠道。

2. 强化水行政执法

全国水文系统持续推进《中华人民共和国水文条例》的贯彻落实，加强普法宣传，依法开展水文监测环境和设施保护执法、河湖执法、非法采砂暗访执法等水行政执法工作，全年共开展和参与执法检查巡查3000余次，出动人员40000人次，发现水事违法违规行为100余起，推进水行政执法与刑事司法衔接、与检察公益诉讼协作，维护水文合法权益。

黄委水文局推动日常河道巡查科学化、务实化和手段现代化，组织开展4—5月和9—10月定期河道巡查，共出动人员1200余人次、行程2万多km，共发现影响水文监测的违法行为30起，查处率100%，有效保护水文监测环境和设施。淮河水利委员会（简称淮委）水文局将普法学法教育和依法治理工作纳入年度工作计划，淮委水文监察支队持续发挥水文监察职能，定期对水文测站保护范围内影响水文测验的相关活动进行现场监督检查，全年共出动人员69人次、车辆32次，巡查监管对象104个。海委水文局充分运用无人机等信息化手段，加强水文监测环境和设施保护巡查力度，处置了朱官屯水位站受怀来朱官屯段环境整治和生态修复工程影响事件，依法维护水文权益。珠江水利委员会（简称珠江委）水文局推进流域"水文＋法务"协同管理。松辽水利委员会（简称松辽委）水文局结合日常水文监测工作同步开展水文环境和设施保护范围巡查，全年累计开展114次执法巡查，共出动人员393人次、巡查河道401km，发现问题线索及时处理，确保水文设施正常运行、监测环境不受影响。太湖流域管理局（简称太湖局）水文局结合"世界水日""中国水周"等活动，以测站为阵地开展水文监测环境设施保护宣传，重点区域利用机巢式无人机、AI视频等开展自动巡查监控，并以水文监测影响事件为契机，开展"送法上门"普法活动，融合做好水文行业管理与长三角核心示范区等国家和省市重大项目双赢。

北京市开展跨省市跨部门联合执法普法。联合北京市城市管理综合行政执法局、门头沟区城市管理综合行政执法局、河北省怀来县水务局开展"共护母亲河——京冀联合执法行动"，共同巡查永定河市界到门头沟区斋堂镇沿河城村段水资源、水环境和水文设施保护等工作情况，在永定河进京第一村——沿河城村开设了"田间地头小课堂"，现场为村民水文普法宣传。

安徽省常态化巡查助推长效化机制生根。常态化开展水文测站保护范围、影响范围执法巡查，及时发现和处置破坏水文监测环境和设施违法行为，全年共出动人员10091人次、车辆2443车次、船只150航次，巡查河道52575.6km、湖库水域面积201km^2，巡查监管对象331个，强化管护巡查，维护合法权益。

江西省普法与执法并重。制定《全省水文法治宣传工作方案》，压实各部门水文普法责任，坚持深入普法，送法下乡助力帮扶村乡村振兴。拓展执法途径，提高监管效能，开展水文委托执法先行先试（专栏2），建立全国首个水文委托执法典型案例,全省水文系统与地方水利部门签订行政执法委托书11份,办理执法资格证99个。全省水文领域全面铺开委托执法,出台《江西省水文执法操作规程》,为水行政执法体制改革提供了可复制经验。"水行政执法+检察公益诉讼+水文技术支持"协作机制,入选水利部首届"检验检测服务水利高质量发展"十大典型案例。

河南省实现国家基本水文站暗访巡查全覆盖。全年共开展各项执法检查巡查160余次,出动人员520余人次,完成全省126处国家基本水文站测验断面上下游各20km暗访巡查工作,解决了鹤壁刘庄水文站等14项水文设施被破坏问题、周口石桥口水文站等5项上下游工程影响水文监测问题、郑州常庄水文站等17项影响水文观测清障问题,解决非法采砂问题18项、水污染问题3项。

湖北省加大水文水政监察执法力度,严厉打击非法采砂。结合汛前准备检查和水文站点设施养护巡检开展定期不定期执法巡查,加大巡查密度。荆州、黄冈两个砂管基地完善对长江采砂"采、运、销"各环节的监督管理,全年出动人员644人次、车辆63车次、执法船76船次,巡查河道16850km。

广西壮族自治区全区水文系统发力开展定期巡查。水文所属单位、各县域水文中心站按月巡查水文监测环境和设施设备,全年共巡查河段(水文站)660处,出动人员18275人次、车辆4962次,累计巡河长度约16167km,发现问题144个,巡查率100%。发现5条违反水文监测环境和设施保护规定的问题线索,配合相关县(市、区)水行政主管部门予以核查及执法检查。

四川省以严处促水文设施保护。抓好水文法规贯彻落实情况检查,印发《四川省水利厅关于进一步加强水文监测设施和监测环境保护工作的通知》,严肃查处破坏水文监测设施等违法行为。加强现场核查,协调解决了广元市八庙沟、朝天,乐山市金口河,甘孜州乌拉溪等4处水文站的影响赔偿问题。

陕西省开展链条式、台账式执法监督管理。强化水政执法巡查和检查督查,共出动人员1196人次、车辆701车次,巡查河道10163km,巡查监管对象435

个，现场制止违法行为 19 起，督查协调解决猛柱山水电站蓄水影响南宽坪水文站测报等多起影响水文监测事件。开展地下水专项整治行动，创新搭建地下水取水工程登记管理平台，摸清核实取水工程基础信息 69.22 万处，依法形成问题整改和退出台账 29.09 万条，地下水保护管理持续深化；修订印发《陕西省地下水取水工程管理办法》《陕西省地下水监测工作规则》等两个《地下水管理条例》配套制度，探索建立地下水行政执法与检察公益诉讼协作机制。

> **专栏 2**
>
> **江西水文领域全面铺开委托执法**
>
> 江西水文积极落实水利部、司法部《关于提升水行政执法质量和效能的指导意见》精神，大胆探索、转变思路，创新水文领域监管执法模式，逐步实现全面委托执法。
>
> 江西省水文监测中心分设 7 个水文流域中心，下辖 38 个监测大队，管理着水文（流量）站 254 处（含辅助站 10 处），日常监管呈现出点多、线长、面广的特点。2021 年机构改革，为落实事业单位去行政化要求，水文机构的水文监管执法职能回归水利部门，水文领域监督执法出现属地水利部门"管得着却看不见"、所属水文机构"看得见却管不着"的新情况，致使基础水文监测设施和水文监测环境保护等常陷于"事前管理保护难、事中督促整改难、事后违法追责难"的三难境地。
>
> 江西水文坚持问题导向，指导赣江下游水文水资源监测中心（以下简称赣江下游中心）探索水文委托执法先行先试工作。通过积极沟通，赣江下游中心先后与宜春市、萍乡市等市水利局签订了行政执法委托书，实施水文监督检查权、行政处罚权，这是江西水文机构在机构改革后的首次探索。在此示范指引下，其余 6 个流域中心也陆续分别与属地水利局签订行政执法委托书，在 2024 年实现了江西水文领域全面委托执法，

有效破解水利部门"管得着却看不见"与水文机构"看得见却管不着"的难题。目前，全省流域水文机构共申办并持有执法资格证99人，为水文委托执法奠定人员基础。为解决水文执法人员执法办案难题，江西水文制定了《江西省水文执法操作规程》，通过依托线上线下培训等多种方式，有效提升水文执法人员的法治意识和执法实战能力。

江西水文充分发挥委托执法"既看得见又管得着"的新优势，对破坏水文监测设施等违法行为"亮拳出击"，将执法巡查纳入日常水文巡测的重要内容，有效提高了发现和处置水文违法问题线索的效能，水文违法案件从线索发现到处理完毕，平均时限从原来的61.5天缩短至7天。日常监管中，各流域水文机构既坚持严格依法执法，又积极宣讲涉水法律法规，使当事人主动意识到错误并及时改正，不少被损坏的水文设施在作出行政处罚决定前得到及时修复；对拒不整改的违法案件，依法进入行政处罚程序。

江西水文开展委托执法

3. 优化政务服务，做好行政审批

水利部做好水文行政审批事项备案管理。2024年共完成河北、江苏、浙江、山东、广东、广西、四川、新疆等省（自治区）23项国家基本水文测站设立和调整审批事项备案，完成黄委、海委、珠江委和天津、河北、辽宁、上海、江西、湖北、湖南、广东、广西、四川、云南、陕西、甘肃、新疆等流域和省（自

治区、直辖市）84项国家基本水文测站上下游建设影响水文监测的工程审批事项备案，以及长江委、海委、珠江委和天津、河北、江西、山东、广东、四川、贵州、西藏、新疆等流域和省（自治区、直辖市）19项专用水文测站设立、撤销的审批事项备案。

各地积极优化政务服务，做好行政审批相关工作。黄委、淮委、松辽委和辽宁、江苏等流域和省份受理完成水文行政审批事项，并完成有关事中事后监管工作。海委完成国家基本水文测站上下游建设影响水文监测的工程审批审查权限核定工作，完成涉及水文监测管理的水行政处罚裁量权基准制定工作。珠江委专用水文测站审批取得新突破，办理立委以来首例专用水文测站审批；首次办理珠海市海洋生态保护修复项目1项。松辽委编制水文相关行政许可审批、事中事后监管及水文测站巡查工作指导手册，完成引嫩入白扩建（黑鱼泡）灌区等3处工程事中事后监管。太湖局与省市联动，针对跨区域水利工程，联合浙江省、安徽省水文部门开展行政审批，审查了街口、屯溪等水文测站受新安江航道综合整治提升工程影响的事项。

北京市全年处理接诉即办反映件94件，处理水文数据资料申请29件，做到人机24小时在线，随时处理接到的诉求件。上海市全年完成市行政协助管理平台协助事项145项。浙江省通过"浙里办"政务服务窗口，做好政务服务增值化改革工作，全年为企事业单位、高校、科研机构、个人提供水文资料查阅、使用服务134次，数据480万组。安徽省持续优化审批流程，营造良好营商环境，制定审查审批要点，统一技术要求，简化流程提质增效，通过政务服务网"在线办理"形式，让"数据多跑路，群众少跑腿"，实现"不见面"送达。福建省严格审批流程，将建设项目对水文监测影响列为前置审批事项，完成10个省级水利工程项目对水文监测环境影响审查，保障了测站长期稳定运行。湖北省继续通过"湖北省政务服务网"、湖北省水利厅政务服务大厅做好政务服务工作，派专人参与服务窗口值班，及时回复"对外提供水文资料服务"申请，编制《湖北省政府部门权责清单（水文部分）》，明确了"国家基本水文测站设立和调整审批"等行政许可，"对在水文监测环境保护范围内从事有关活动的处罚"等行政处罚的设定依据、履责方式、追责情形。湖南省通过省政务服务平台"水文资料查询服务"项目成功受理办件137次，平均每周接听咨询电话3次，水文实时资料成功对接"一网通办"系统，全年通过政务服务平台和水文中心现场办理，为湖南省生态环境厅、湖南省水利水电设计研究院等多家单位进行水文资料服务，提供水文整编资料超80000站年。四川省通过水文行政审批办理，设立耿达、三官庙等专用水文测站112处，办理国家基本水文测站上下游建设影响水文监测工程的审批3次，实现了该项行政审批"零"的突破。

三、机构改革与体制机制

1. 水文体制机制建设

水文体制机制改革持续深化，流域和地方水文机构职能进一步加强。长江委水文局组织召开2024年长江流域智慧水文技术交流会，汇聚科技创新成果，引领推进长江流域智慧化建设，服务长江流域经济社会发展，强化流域与地方、地方之间协作联动、合作共享的机制建设。黄委水文局所属勘察测绘局由副处级升格为正处级；完成局机关事业单位岗位设置方案优化，调增专业技术岗位数量，相应核减工勤技能岗位及管理岗位数量。海委水文局增设3个内设部门、增加11名编制，补充配备人员，建立起覆盖水文情报预报、地表水地下水资源监测评价、水文站网管理、水质水生态监测评价研究等全方位立体化支撑体系，进一步理顺管理机制，强化主责主业。海委水文局和京、津、冀、晋、蒙、鲁、豫、辽水文单位共同签署《加快构建海河流域现代化雨水情监测预报体系合作协议》，强化流域工作协同、加强资源成果共享、深化技术交流合作，形成水文合力。珠江委水文局着力强化顶层设计，制定《高层次人才评选与管理办法》等一批干部人才制度，推动构建规范高效的人事管理体系，打通"选育、管激"四个环节，建立健全干部人才储备库，强化人事工作纪实和档案管理，建立干部人才工作季度报告机制；红水河珍稀鱼类保育中心大化繁育实验站与大化野外观测站挂牌。松辽委水文局调整内设机构设置和人员编制，增加18名编制，进一步充实人员力量。松辽委水文局辽河水文水资源中心（简称辽河中心）正式挂牌，办公地点设在内蒙古自治区通辽市，辽河中心的成立为西辽河生态复苏和流域水文事业发展提供坚强保障。太湖局水文局定期组织召开流域片水文、水情工作座谈会，交流先进经验，共同谋划事业发展，共享汇集接入流域片7400座小水库基础信息、4900座小水库实时信息；优化调整太湖流域水文水资源监测中心（太湖流域水环境监测中心）内设机构，组建生态科，承担生态方面的职能，更名组建水文信息科，承担水文、信息化方面的职能，强化水文水生态管理。

河北省积极推进雄安新区设立水文机构事宜，省水利厅和河北雄安新区管理委员会达成共识，成立双重管理体制的水文机构。河北省水文勘测研究中心被河北省科技厅认定为科研性质事业单位。内蒙古自治区党委机构编制委员会办公室在深化事业单位机构改革中，增加内蒙古自治区水文水资源中心水资源管理、水权、节水等方面职能，将原内设机构水资源评价处更名为水资源监测处，同时调整设立数智技术处和节水促进处，减少空置工勤和管理岗位80余个，将对应职数增至专业技术岗位，中心水资源领域职能职责更加完整，水文数字化智能化发展动力更加强劲。辽宁省水文局增设水文化宣传部、智慧水利建设运行维护中心2个内设部门。浙江省持续落实"3+N"水文服务基层机制，协调全省技术骨干，加强站点建设前期站点踏勘、方案比选等"3+N"服务，全年累计派出60批次专家技术团队，帮助87个基层水文单位，提供274人次现场服务指导，共解决一线基层109个实际问题。安徽省积极推动地方水文部门实行双重管理，在滁州、六安水文水资源局实行双重领导管理体制的基础上，持续发力推进合肥、芜湖水文水资源局的双重管理。安徽省出台《关于进一步深化水文巡测改革指导意见》，明确提出"全面巡测、高水驻测、应急补充"的改革要求。山东省水文计量检定中心法人登记地由潍坊变更至济南，充分借助济南"强省会"区位、人才、市场优势，有力促进计量检定中心发展。广西壮族自治区对照区水利厅机构改革"三定方案"，厘清与相关部门在水功能区职能界限。四川省强化计量管理体系建设，实现水文计量工作"零"的突破，量水设施设备计量检测中心顺利通过省市场监督管理局的计量标准和法定机构考核，成为全国第二个取得计量行政主管部门授权的省级"水文计量技术机构"，在全国首创开展水资源汇算制度和水资源督察试点，率先实现水资源管理"一网通"，有效提升水文服务经济社会发展的质效。甘肃省委机构编制委员会办公室8月批复将甘肃省水文站更名为甘肃省水文水资源中心，10个直属水文单位更名为"甘肃省+所在地域名称+水文水资源勘测中心"，助力甘肃水文工作有序高效开展。新疆维吾尔自治区各地州（市）水文勘测局更名为水文勘测中心，由党组设立为党委。新疆维吾尔自治区水文局与新疆兵团水利局于6月25日签订合作备忘录，打破区域壁垒，加强顶层设计，建立兵地合作工作机制，共同参加水情会商，制定水情监测、预报和应对方案，共享水情信息、数据和资源，更加有效地应对水旱灾害和突发水事件。

截至2024年年底，全国水文部门共设有地市级水文机构302个，其中，实行水文双重管理的131个，山东、河南、湖南、广东、广西、云南等省（自治区）地市级水文机构全部实现双重管理。全国有18个省（自治区、直辖市）共设立657个县级水文机构，其中，实行水文双重管理的333个。全国有1个省级水文机构——辽宁省水文局为正厅级单位，内蒙古、吉林、黑龙江、浙江、安徽、江西、山东、湖北、湖南、广东、广西、四川、贵州、云南、新疆等15个省级水文机构为副厅级单位或配备副厅级领导干部，23个省（自治区）的地市级水文机构为正处级或副处级单位。地市级和县级行政区划水文机构设置情况见表2-2。

表2-2 地市级和县级行政区划水文机构设置情况

省（自治区、直辖市）	已设立地市级水文机构的地市		已设立县级水文机构的区县	
	水文机构数量	名　称	水文机构数量	名　称
北京			6	朝阳区、顺义区、大兴区、丰台区、昌平区、通州区
天津			4	滨海新区（东丽区）、津南区（西青区、静海区）、天津市中心城区（北辰区、武清区）、宝坻区（蓟州区、宁河区）
河北	11	石家庄市、保定市、邢台市、邯郸市、沧州市、衡水市、承德市、张家口市、唐山市、秦皇岛市、廊坊市	35	涉县、平山县、井陉县、张家口市崇礼区、邯山区、邯郸市永年区、巨鹿县、临城县、邢台市襄都区、正定县、石家庄市桥西区、阜平县、易县、雄县、唐县、保定市竞秀区、衡水市桃城区、深州市、沧州市运河区、献县、黄骅市、三河市、廊坊市广阳区、唐山市开平区、滦州市、玉田县、昌黎县、秦皇岛市北戴河区、张北县、怀安县、张家口市桥东区、围场县、宽城县、兴隆县、丰宁县
山西	9	太原市、大同市（朔州市）、阳泉市、长治市（晋城市）、忻州市、吕梁市、晋中市、临汾市、运城市		
内蒙古	11	呼和浩特市、包头市、呼伦贝尔市、兴安盟、通辽市、赤峰市、锡林郭勒盟、乌兰察布市、鄂尔多斯市、阿拉善盟（乌海市）、巴彦淖尔市		
辽宁	14	沈阳市、大连市、鞍山市、抚顺市、本溪市、丹东市、锦州市、营口市、阜新市、辽阳市、铁岭市、朝阳市、盘锦市、葫芦岛市	12	台安县、桓仁县、彰武县、海城市、盘山县、盘锦市大洼区、盘锦市双台子区、盘锦市兴隆台区、喀左县、大石桥市、宽甸满族自治县、黑山县
吉林	9	长春市、吉林市、延边朝鲜族自治州、四平市、通化市、白城市、辽源市、松原市、白山市		
黑龙江	13	哈尔滨市、齐齐哈尔市、牡丹江市、佳木斯市、双鸭山市、七台河市、鹤岗市、大庆市、鸡西市、伊春市、黑河市、绥化市、大兴安岭地区		
上海			9	浦东新区、奉贤区、金山区、松江区、闵行区、青浦区、嘉定区、宝山区、崇明区

续表

省（自治区、直辖市）	已设立地市级水文机构的地市		已设立县级水文机构的区县	
	水文机构数量	名称	水文机构数量	名称
江苏	13	南京市、无锡市、徐州市、常州市、苏州市、南通市、连云港市、淮安市、盐城市、扬州市、镇江市、泰州市、宿迁市	44	南京市高淳区、丹阳市、昆山市、常熟市、南京市城区、南京市江北新区、苏州市城区、淮安市城区、南通市城区、镇江市城区、台州市城区、无锡市城区、徐州市城区、常州市城区、连云港市城区、盐城市城区、扬州市城区、宿迁市城区、张家港市、太仓市、盱眙县（金湖县）、涟水县、海安市（如皋市）、如东县（启东市、海门区）、句容市、兴化市、宜兴市、江阴市、新沂市、睢宁县、邳州市、沛县、丰县、溧阳市、常州市金坛区、连云港市赣榆区、东海县、阜宁县（射阳县）、响水县（滨海县）、盐城市大丰区（东台市）、仪征市、高邮市（宝应县）、沭阳县、泗洪县（泗阳县）
浙江	11	杭州市、嘉兴市、湖州市、宁波市、绍兴市、台州市、温州市、丽水市、金华市、衢州市、舟山市	71	杭州市余杭区、杭州市临安区、杭州市萧山区、建德市、杭州市富阳区、桐庐县、淳安县、宁波市鄞州区、宁波市镇海区、宁波市北仑区、宁波市奉化区、余姚市、慈溪市、宁海县、象山县、温州市瓯海区、温州市龙湾区、瑞安市、苍南县、平阳县、文成县、永嘉县、乐清市、温州市洞头区、泰顺县、德清县、长兴县、安吉县、嘉兴市秀洲区、嘉兴市南湖区、海宁市、海盐县、平湖市、桐乡市、嘉善县、绍兴市柯桥区、嵊州市、新昌县、绍兴市上虞区、诸暨市、义乌市、永康市、东阳市、浦江县、武义县、磐安县、江山市、常山县、开化县、龙游县、舟山市定海区、舟山市普陀区、岱山县、嵊泗县、临海市、三门县、天台县、仙居县、台州市黄岩区、温岭市、玉环市、丽水市莲都区、缙云县、庆元县、青田县、云和县、龙泉市、遂昌县、松阳县、景宁县、宁波市海曙区
安徽	10	阜阳市（亳州市）、宿州市（淮北市）、滁州市、蚌埠市（淮南市）、合肥市、六安市、马鞍山市、安庆市（池州市）、芜湖市（宣城市、铜陵市）、黄山市		
福建	9	福州市、厦门市、宁德市、莆田市、泉州市、漳州市、龙岩市、三明市、南平市	41	福州市晋安区、永泰县、闽清县、闽侯县、福安市、屏南县、莆田市城厢区、仙游县、南安市、德化县、安溪县、漳州市芗城区、诏安县、龙岩市新罗区、长汀县、上杭县、漳平市、龙岩市永定区、永安市、沙县、建宁县、宁化县、将乐县、大田县、尤溪县、南平市延平区、邵武市、顺昌县、建瓯市、南平市建阳区、武夷山市、松溪县、政和县、浦城县、周宁县、永春县、宁德市蕉城区、南靖县、连城县、三明市三元区、厦门市同安区
江西	7	上饶市（景德镇市、鹰潭市）、南昌市、抚州市、吉安市、赣州市、宜春市（萍乡市、新余市）、九江市	2	彭泽县、湖口县

续表

省（自治区、直辖市）	已设立地市级水文机构的地市		已设立县级水文机构的区县	
	水文机构数量	名称	水文机构数量	名称
山东	16	滨州市、枣庄市、潍坊市、德州市、淄博市、聊城市、济宁市、烟台市、临沂市、菏泽市、泰安市、青岛市、济南市、威海市、日照市、东营市	75	济南市城区、历城区、章丘、长清区（平阴县）、济阳区、莱芜区、商河县、青岛市城区、西海岸新区、胶州市、青岛市即墨区、平度市、莱西市、淄博市张店区（周村区、临淄区）、淄博市博山区（淄川区）、高青县（桓台县）、沂源县、枣庄市城区（薛城区、峄城区）、枣庄市台儿庄区、枣庄市山亭区、滕州市、东营市东营区（垦利区）、东营市河口区（利津县）、广饶县、烟台开发区、烟台市牟平区（莱山区、高新区、昆嵛区）、龙口市、烟台市莱阳市（海阳市）、蓬莱区（长岛县）、招远市（莱州市）、潍坊市城区、诸城市、寿光市（青州市）、安丘市（昌乐县）、昌邑市（高密市）、临朐县、济宁市任城区（兖州区）、邹城市（微山县）、金乡县（鱼台县）、嘉祥县（梁山县、汶上县）、泗水县（曲阜市）、泰安市泰山区（岱岳区）、新泰市、肥城市（宁阳县）、东平县、威海市文登区（环翠区）、荣成市、乳山市、日照市东港区（岚山区）、五莲县、莒县、临沂城区、沂南县（沂水县）、兰陵县、费县（平邑县）、莒南县（临沭县、临港区）、蒙阴县、武城县（德城区、夏津县）、乐陵市（庆云县、宁津县）、临邑县（陵城区、平原县）、齐河县（禹城市）、聊城市东昌府区、莘县（阳谷县）、东阿县（茌平县）、冠县（临清西部）、高唐县（临清市东部）、滨州市滨城区、博兴县、阳信县（无棣县、沾化区）、邹平市（惠民县）、菏泽市牡丹区（东明县）、菏泽市定陶区（曹县）、单县（成武县）、巨野县、郓城县（鄄城县）
河南	18	洛阳市、南阳市、信阳市、驻马店市、平顶山市、漯河市、周口市、许昌市、郑州市、濮阳市、安阳市、商丘市、开封市、新乡市、三门峡市、济源市、焦作市、鹤壁市	52	郑州市市辖区（新郑市、新密市、中牟县、荥阳市、巩义市）、登封市、开封市市辖区（尉氏县）、杞县（通许县）、洛阳市市辖区（孟津区、伊川县、偃师区、新安县）、汝阳县（嵩县）、平顶山市市辖区（叶县）、汝州市（郏县、宝丰县）、舞钢市、鲁山县、安阳市市辖区（汤阴县、内黄县）、林州市、鹤壁市市辖区（淇县）、浚县、新乡市市辖区（获嘉县）、卫辉市、长垣市、焦作市市辖区、泌阳县、濮阳市市辖区、南乐县（清丰县）、范县（台前县）、许昌市市辖区（长葛市、襄城县、禹州市）、漯河市市辖区、舞阳县、临颍县、三门峡市市辖区（陕州区、渑池县、义马市）、灵宝市、商丘市市辖区（虞城县、夏邑县、民权县）、永城市、柘城县（睢县、宁陵县）、周口市市辖区（西华县、商水县、淮阳区）、鹿邑县、沈丘县（项城市）、太康县（扶沟县）、驻马店市市辖区（遂平县）、新蔡县、上蔡县（西平县）、确山县（正阳县）、汝南县、南阳市市辖区（镇平县、社旗县、方城县）、邓州市（新野县）、南召县、西峡县（淅川县）、内乡县、唐河县（桐柏县）、信阳市市辖区、固始县（商城县）、潢川县（淮滨县、光山县）、新县、息县（罗山县）、济源市

续表

省（自治区、直辖市）	已设立地市级水文机构的地市		已设立县级水文机构的区县	
	水文机构数量	名称	水文机构数量	名称
湖北	17	武汉市、黄石市、襄阳市、鄂州市、十堰市、荆州市、宜昌市、黄冈市、孝感市、咸宁市、随州市、荆门市、恩施土家族苗族自治州、潜江市、天门市、仙桃市、神农架林区	53	阳新县、房县、竹山县、宜昌市夷陵区、当阳市、远安县、五峰土家族自治县、宜都市、枝江市、枣阳市、保康县、南漳县、谷城县、红安县、麻城市、团风县、武汉市新洲区、罗田县、浠水县、蕲春县、黄梅县、英山县、武穴市、大悟县、应城市、安陆市、通山县、咸丰县、随县、广水市、孝昌县、云梦县、兴山县、崇阳县、咸宁市咸安区、通城县、随州市曾都区、洪湖市、松滋市、公安县、江陵县、监利市、荆州市荆州区、荆州市沙市区、石首市、丹江口市、钟祥市、京山市、汉川市、孝感市孝南区、武汉市黄陂区、恩施市、黄冈市黄州区
湖南	14	株洲市、张家界市、郴州市、长沙市、岳阳市、怀化市、湘潭市、常德市、永州市、益阳市、娄底市、衡阳市、邵阳市、湘西土家族苗族自治州	84	湘乡市、双牌县、蓝山县、醴陵市、临澧县、桑植县、祁阳市、桃源县、凤凰县、浏阳市、永顺县、安仁县、宁乡市、石门县、新宁县、保靖县、桂阳县、隆回县、泸溪县、嘉禾县、安化县、溆浦县、江永县、邵阳县、衡山县、桃江县、永州市冷水滩区、芷江县、吉首市、津市市、慈利县、南县、麻阳苗族自治县、澧县、攸县、炎陵县、耒阳市、冷水江市、双峰县、洞口县、沅陵县、会同县、道县、平江县、桂东县、常宁市、湘阴县、长沙市城区、长沙市望城区、长沙县、通道侗族自治县、娄底市城区、涟源市、新化县、龙山县、武陵源区、衡阳市城区、邵阳市城区、衡东县、祁东县、绥宁县、江华县、新田县、宁远县、郴州市城区、资兴市、临武县、怀化市城区、新晃侗族自治县、永定区、益阳市城区、临湘市、常德市城区、湘潭县、湘潭市城区、岳阳市城区、株洲市城区、南岳区、汉寿县、衡阳县、衡南县、洪江市、武冈市、邵东市
广东	12	广州市、惠州市（东莞市、河源市）、肇庆市（云浮市）、韶关市、汕头市（潮州市、揭阳市、汕尾市）、佛山市（珠海市、中山市）、江门市（阳江市）、梅州市、湛江市、茂名市、清远市、深圳市	49	番禺区、增城区、黄埔区、从化区、南沙区、顺德区、三水区、高明区、斗门区、香洲区、湘桥区、揭西县、惠来县、陆丰市、乐昌市、浈江区、仁化县、翁源县、新丰县、惠东县、博罗县、龙门县、紫金县、东源县、龙川县、高要区、怀集县、封开县、四会市、新兴县、梅县区、大埔县、蕉岭县、五华县、兴宁市、开平市、新会区、江城区、阳春市、吴川市、雷州市、廉江市、化州市、高州市、信宜市、清城区、英德市、连州市、阳山县

续表

省（自治区、直辖市）	已设立地市级水文机构的地市		已设立县级水文机构的区县	
	水文机构数量	名　称	水文机构数量	名　称
广西	12	钦州市（北海市、防城港市）、贵港市、梧州市、百色市、玉林市、河池市、桂林市、南宁市、柳州市、来宾市、贺州市、崇左市	77	南宁市城区、武鸣区、上林县、隆安县、横县、宾阳县、马山县、柳州市城区、柳城县、鹿寨县、三江县、融水县、融安县、桂林市城区、临桂区、全州县、兴安县、灌阳县、资源县、灵川县、龙胜县、阳朔县、恭城县、平乐县、荔浦市、永福县、梧州市城区、藤县、岑溪市、蒙山县、钦州市城区、钦北区、浦北县、灵山县、北海市城区、合浦县、防城港市城区、东兴市、上思县、贵港市城区、桂平市、平南县、玉林市城区（兴业县）、容县、北流市、博白县、陆川县、百色市城区（田阳区）、凌云县、田林县、西林县、隆林县、靖西市（德保县）、那坡县、田东县（平果市）、贺州市城区（钟山县）、昭平县、富川县、河池市城区、河池市宜州区、南丹县、天峨县、东兰县、凤山县、罗城仫佬族自治县、都安县（大化县）、巴马县、环江县、来宾市城区（合山市）、忻城县、象州县（金秀县）、武宣县、崇左市城区、龙州县（凭祥市）、大新县、宁明县、扶绥县
重庆			39	渝中区、江北区、南岸区、沙坪坝区、九龙坡区、大渡口区、渝北区、巴南区、北碚区、万州区、黔江区、永川区、涪陵区、长寿区、江津区、合川区、万盛区、南川区、荣昌区、大足区、璧山区、铜梁区、潼南区、綦江区、开州区、云阳县、梁平区、垫江县、忠县、丰都县、奉节县、巫山县、巫溪县、城口县、武隆区、石柱县、秀山县、酉阳县、彭水县
四川	21	成都市、德阳市、绵阳市、内江市、南充市、达州市、雅安市、阿坝藏族羌族自治州、凉山彝族自治州、眉山市、广元市、遂宁市、宜宾市、泸州市、广安市、巴中市、甘孜藏族自治州、乐山市、攀枝花市、自贡市、资阳市		
贵州	9	贵阳市、遵义市、安顺市、毕节市、铜仁市、黔东南苗族侗族自治州、黔南布依族苗族自治州、黔西南布依族苗族自治州、六盘水市		

续表

省（自治区、直辖市）	已设立地市级水文机构的地市		已设立县级水文机构的区县	
	水文机构数量	名　称	水文机构数量	名　称
云南	14	曲靖市、玉溪市、楚雄彝族自治州、普洱市、西双版纳傣族自治州、昆明市、红河哈尼族彝族自治州、德宏傣族景颇族自治州、昭通市、丽江市、大理白族自治州（怒江傈僳族自治州、迪庆藏族自治州）、文山壮族苗族州、保山市、临沧市	1	昌宁县
西藏	7	阿里地区、林芝地区、日喀则地区、山南地区、拉萨市、那曲地区、昌都地区		
陕西	10	西安市、榆林市、延安市、渭南市、铜川市、咸阳市、宝鸡市、汉中市、安康市、商洛市	3	志丹县、华阴市、韩城市
甘肃	10	白银市（定西市）、嘉峪关市（酒泉市）、张掖市、武威市（金昌市）、天水市、平凉市、庆阳市、陇南市、兰州市、临夏回族自治州（甘南藏族自治州）		
青海	6	西宁市、海东市（黄南藏族自治州）、玉树藏族自治州、海南藏族自治州（海北藏族自治州）、海西蒙古族藏族自治州（该州有2个水文机构）		
宁夏	5	银川市、石嘴山市、吴忠市、固原市、中卫市		
新疆	14	乌鲁木齐市、石河子市、吐鲁番地区、哈密地区、和田地区、阿克苏地区、喀什地区、塔城地区、阿勒泰地区、克孜勒苏柯尔克孜自治州、巴音郭楞蒙古自治州、昌吉回族自治州、博尔塔拉蒙古自治州、伊犁哈萨克自治州		
合计	302		657	

2. 政府购买服务实践

各地水文部门积极推动社会力量参与水文工作，在水文监测辅助业务、水文设施维修养护、业务信息系统和资料管理、用人用工管理等方面，持续推进水文业务政府购买服务。松辽委委托具备相关能力的单位开展水文测验和水质检测工作。上海市购买水文测站运行维护、水情监测预报、水文调查等服务。浙江省购买水文测站设施维修养护、中小河流水文站及专用站的水文测报业务、水质采样及检测业务、水位和雨量人工观测等服务。安徽省购买水质自动监测站运行维护、生产建设项目水土保持信息化监管、省级大型生产建设项目水土保持遥感监管和验收项目核查、省级监测区域水土流失动态监测等服务。山东省通过政府采购平台以续签合同方式确定政府购买服务项目承接主体，购买专用站点运行维护和监测服务，全年购买服务站点5361处，常驻服务人员522名。云南省按照《云南省政府集中采购目录及标准》要求，办理政府采购187项。新疆维吾尔自治区按照水利厅政府购买服务指导目录，将法律咨询、审计服务、信息化服务、物业服务及其他辅助性服务等纳入政府购买服务范围，购买地方史志编撰、法律咨询等服务。

四、国际交流与合作

1. 国际会议和重大水事活动

水利部水文司组团参加第18届世界水资源大会、联合国教科文组织政府间水文计划（Intergoverment Hydrological Program, IHP）理事会第26届会议（图2-1）和IHP亚太区第31届会议，介绍中国水文支撑服务经济社会可持续发展情况以及新形势下加强全球水文合作与交流的重要性、各优先领域的中国经验与成效，展示我国水文发展成就，传播中国治水理念。水利部水文司组团赴韩国、日本就水资源管理与水文预报和雷达组网应用、洪水风险等级及对应应急措施等开展讨论交流，促进国家间水利、水文科技合作和创新。长江委组织协办第

24届国际水利与环境工程学会亚太地区大会。淮委申报获批世界气象组织"台风成员国水文情报预报规范评估与提升"项目。太湖局承办太湖流域水治理国际会议"流域管理与水安全""湖库蓝藻水华防控"2项分论坛，8人参加学术交流并作主旨报告，获得与会专家的一致肯定与广泛好评，进一步提升太湖局在太湖蓝藻防控领域影响力。

图 2-1 水文司刘志雨在 IHP 第 26 届会议上作大会发言

2. 国际河流水文工作

2024 年，我国与俄罗斯、哈萨克斯坦、蒙古、朝鲜、孟加拉国、湄公河委员会等周边国家和国际组织在水文报汛、过境测流、水文资料交换、跨界河流水资源管理与合作等方面积极开展工作，水利部水文司组团赴越南开展水文合作交流访问，召开中哈水文专家定期交流机制第五次会议，开展技术交流，与周边国家和国际组织建立互信和良好合作关系。

长江委完成老挝国家水资源信息数据中心占巴塞运维分中心项目建设以及"澜湄慧眼行动——智慧水文在线监测技术示范及流域标准化""水文测报装备技术国际科技合作基地"等项目申报，持续服务"一带一路"。松辽委按照已批复的界河过境测流方案，积极与水文站属地边防部门沟通，保证畅流期及封冻期过境流量测验工作顺利开展，为界河防洪减灾工作提供了有力支撑。辽宁、吉林、黑龙江、广西、云南、西藏等省（自治区）水文部门按照国际河流水文报汛协议，向有关国家报送或接收水文信息，圆满完成中俄、中朝、中孟、中越等国际河流水文报汛工作。内蒙古自治区参加中蒙、中俄水资源量共同开发利用及分析研究会议，完成国际河流水文数据资料交换，为界河水资源共同开发利用提供了技术支撑。广西壮族自治区与越南社会主义共和国水文气象局签署关于相互交换汛期水文资料的实施方案，做好左江、北仑河等跨境河流雨水情监测分析等工作，及时向当地政府、防汛部门和沿河群众报送实时洪水信息及洪水预警预报服务信息，发布难滩河、百南河、平而河、北仑河等跨境河流断面洪水预警21次，编制《广西国际河流出入境水量情况》1期。新疆维吾尔自治区完成2023年度跨界河流水文资料整汇编、审核工作以及2022年度中哈跨界河流水文资料对比分析工作，并按照《关于中哈双方紧急通报主要跨界河流洪水与冰凌灾害信息的实施方案》要求加密测报，为哈方及时掌握水情信息提供坚实数据支持，彰显全球一体化和国家"一带一路"国家战略中的水文样板。

五、水文文化建设和宣传

2024年，全国水文系统围绕水旱灾害防御、水资源水生态监测、现代化雨水情监测预报体系建设等重点工作，紧抓"世界水日""中国水周"、汛期水文监测工作等有利契机，持续加强水文宣传工作，在水利部官网首页、水利部官微、中国水利报、中国水利网站和水文司网页发稿件1000余篇，联系中央和地方媒体刊发稿件1万余篇。各地水文部门强化意识形态管理，加强宣传体制机制建设，丰富微信公众号平台栏目，大力推动水文文化建设，充分利用水情教育基地和水文展示馆（厅）等向社会公众开展科普宣传，为推动新阶段水利高质量发展营造良好舆论氛围。

1. 以制度建设为抓手，强化意识形态管理

各地水文部门加强意识形态管理，完善水文宣传工作机制。太湖局印发《太湖流域管理局水文局（信息中心）舆论风险处置方案》。辽宁省创立"水文青

年 现场播报"品牌，构建"省中心＋驻市局"宣传矩阵，并组织宣传文化专题讲座和培训。江西省组建水文"1+7"宣传工作队，举办宣传文化专题讲座。珠江委、淮委、海委、贵州等流域和省制定印发文化建设计划、宣传工作计划或方案等。安徽省印发《2024年意识形态工作要点》，规范网站信息发布程序。上海市、河南省、陕西省、西藏自治区严格落实意识形态工作责任，严格保密审查及发布审批机制，加强网站、内部宣传栏、微信公众号等意识形态阵地管理，确保网络意识形态安全。

2. 以重大事件为契机，强化水文主题宣传

全国水文系统积极开展水文科普主题宣传活动。黄委结合"世界水日""中国水周"、世界环境日、全国科技周、黄河保护法施行一周年等节点开展20余次"黄河水文公众开放日"活动（图2-2），吸引2000余名社会公众积极参与，荣膺河南省直文明实践项目展示交流活动"优秀奖"。辽宁省围绕水资源保护、水情科普等主题，组织全省开展进机关、进校园、进企业、进社区、进乡村的"五进"科普教育活动（图2-3）。浙江省创新性采用漫画展形式，把商业街区打造为科普"课堂"，让居民对水文的了解更进一步。福建省综合利用传统媒体、新媒体以及数字技术等，以水情教育基地、水文文化科普馆、展示（览）馆、水文文化园等为载体，大力传播水文文化。内蒙古自治区联合驻地包联社区开展水文志愿者进社区服务活动。四川省开展"水文科普进校园"系列活动，绵阳新闻网、绵阳广电传媒等媒体争相报道，拉近了水文与社会公众的距离。吉

图2-2 黄委黄河山东水文公众开放日活动

图2-3 辽宁省"五进"科普教育活动之进学校

林、西藏等省（自治区）通过悬挂宣传条幅、发放宣传资料、现场讲解等形式，向群众普及水文及水文站网知识等（图 2-4）。

图 2-4　吉林省水文水资源局延边分局举办"世界水日""中国水周"宣传活动

全国水文系统积极开展现代化雨水情监测预报体系建设主题宣传。水利部水文司组织完成现代化雨水情监测预报体系建设现场推进会汇报片制作（图 2-5）和水利部主楼阳光走廊雨水情监测预报"三道防线"建设成效展制作（图 2-6），对宣传贯彻部党组的顶层设计、工作部署和充分展示"三道防线"建设取得的成效起到积极展示作用；配合完成 6 月 18 日中央电视台《焦点访谈》栏目的专题片《防水患于未然》的制作工作（图 2-7）。北京电视台、北京日报、北京青年报等市级媒体对北京市漫水河水文站恢复重建情况开展系列报道。《新闻联播》和《朝闻天下》对河北省现代化雨水情监测预报"三道防线"建设成效进行报

图 2-5　现代化雨水情监测预报体系建设现场推进会汇报片片头

图 2-6 水利部阳光走廊雨水情监测预报"三道防线"建设成效展

图 2-7 央视《焦点访谈》栏目专题片《防水患于未然》

道。四川省开展主题为"媒体看防汛——筑牢'三道防线',迎战防汛关键期"集中采访活动,人民日报、中国网、四川日报、四川电视台等主流媒体参与报道。

全国水文系统积极开展汛期水文监测主题宣传,联合媒体进行水文宣传报道。水利部水文司印发《关于加强防汛关键期水文测报宣传信息报送的通知》,组织全国水文单位在省级以上主流媒体发布稿件1040余件;配合央广总台制作2024年中国防汛抗洪纪录片;组织"中国水利"官微编发《水利部印发2024年水文工作要点》《快来看这张思维导图,了解2024年水文工作怎么干!》等新媒体图文产品20期(图2-8),可视化图说图解产品2期,其中短视频《这就是水文……水文!》点击量达到4万(图2-9)。黄委携手主流媒体宣介黄河水文,其中央视新闻直播间全方位呈现黄

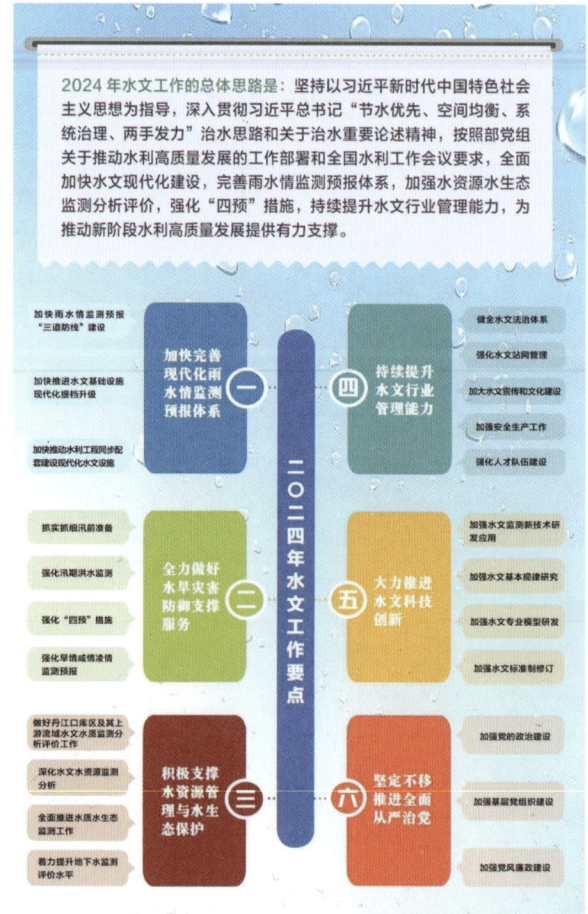

图 2-8 "中国水利"官微《快来看这张思维导图,了解2024年水文工作怎么干!》

图 2-9 短视频《这就是水文……水文！》

图 2-10 央视新闻《共和国巡礼》展示黄委小浪底水文站现代化测验工作

河水文保障防凌安全、先进设备应用；央视《攻坚"三北"》介绍在线光电测沙仪、《共和国巡礼》展示黄委小浪底水文站现代化测验工作（图 2-10）；新华社报道黄河上游联合应急演练；中国日报、河南日报整版报道黄委龙门水文站守护故事。新华社刊发《科技赋能打好"主动仗"！这些装备"利器"提升防汛硬实力》，介绍河北省水文采用电波流速仪、测流无人船等先进设备科学测算预报（图 2-11）。内蒙古新闻网和草原云平台刊发《在

图 2-11 新华社刊发《科技赋能打好"主动仗"！这些装备"利器"提升防汛硬实力》

离洪水最近的地方传送"情报"》《用水利之力护黄安民》《岱海水面蒸发实验站：科研助力生态综合治理》。吉林日报以《迅速出击 筑起防汛坚固防线》为题报道吉林水文迎战暴雨洪水实况。湖北省防汛指挥办公室在央视"新闻1+1"栏目中通过直播连线介绍水文部门提供的实时水雨情及水雨情趋势分析预测情况（图2-12）。湖南省《驰援！坚守！在平江抗击洪水一线》《湖南水文"尖兵"驰援团洲垸 精准支撑决口处置》等稿件被人民日报、新华社采用。广西壮族自治区《广西降雨明显减弱部分江河仍存超警洪水，自治区全力防范应对》《广西采取有力措施防御桂林30年一遇洪水，目前桂林生产生活秩序已恢复正常》《左江郁江等水位仍超警 广西持续做好抗洪抢险工作》等政务信息获中央办公厅采用。河北、山西、甘肃等省充分利用人民网、山西日报、"甘肃卫视"、"新甘肃"等媒体资源，对省级水文应急监测演练进行了宣传报道。

图2-12 央视《新闻1+1》栏目连线水文部门

3. 以夯实基础为手段，打造水文文化阵地

水利部水文司组织完成水文展示馆（厅）建设情况调研，截至2024年年底，全国水文展示馆（厅）共有93个，其中2021年以来建成水文展示馆（厅）62个，展厅内容丰富、各具特色，同时积极探索和践行"文化＋科技"发展模式，创新运行管理方式，使水文展示馆（厅）逐步成为开展科普教育、社会实践的水文教育基地，并通过设立公众开放日等宣传活动，引导社会公众了解水文、支

图 2-13 黄委龙门水文站展厅

图 2-14 湖北宜昌水文科普基地举办暑期水文科普活动

持水文（图 2-13 和图 2-14）。

全国水文系统积极推进水文文化建设工作。长江委、江苏省完成《历史的标尺——长江水文百年老站》《图说：江苏水文百年》《把脉江河——江苏水文的百年守望》图书编纂工作（图 2-15）。汉口水文站荣获国际水利环境遗产奖。黄委完成三门峡、花园口、泺口 3 处水文站水利遗产申报。太湖局开展太浦闸水文站水文化阵地建设（图 2-16）。山东省举办全省

图 2-15 《历史的标尺——长江水文百年老站》

图 2-16 太湖局开展太浦闸水文站水文化阵地建设

图 2-17 山东"沿着水网看山东"——水文烟台行活动现场

水文文化研讨会和"沿着水网看山东"——水文烟台行暨第七届"绿水青山·巡河有我"文化活动（图 2-17）；山东省水文水生态环境教育基地被评为首批山东省儿童友好城市试点县（市、区）试点单元名单。湖南省积极推进百年水文站（长沙水文站）提质改造前期工作，编写长沙水文站百年站纪，并开展城头山—鸡叫城、凤形山水文崖刻等水文化研究。广东省马口水文站、广东水文科普园（新韶水文站）利用水文科普"3D线上展馆"和"水文侠"吉祥物等宣传载体，加强水文文化建设和推广（图 2-18）。云南省打造水文主题花园和文化墙。河北省、湖北省开展策划读书会、组建文学创作小组等文化建设活动。天津、辽宁、安徽、福建等省（直辖市）开展水文历史资料实物征集工作，摸清历史资料实物底数，形成调查报告，为传承保护水文文化遗产、促进水文文化建设奠定坚实基础。上海、重庆、新疆等省（自治区、直辖市）制作水文形象宣传片，其中新疆维吾尔自治区参与中央电视台讲述煤窑水文站日常工作生活的纪录片《兵团故事》的拍摄，并在 CCTV9 频道播出（图 2-19）。

图 2-18　广东水文科普园"3D 线上展馆"和"水文侠"吉祥物

图 2-19　央视纪录片《兵团故事》中记录的煤窑水文站

4. 以平台建设为重点，拓宽水文宣传渠道

"长江水文"微信公众号被水利部评选为 2023 年走好网上群众路线百个成绩突出账户候选对象，开展大型直播 12 次，观看总人数达 30 万人次，浏览量近 200 万人次。"湖南水文"微信公众号，以图文形式滚动发布"迎战 6 月 16 日以来雨洪过程"的雨水情资讯，此次雨洪过程累计访问量突破 180 万人次，

互动超过 350 万人次。"广东水文"微信公众号阅读量 20 万人次，粉丝量稳步上升；"掌上水情"成为广东水文服务民生品牌，用户总数达 10 万人。天津、河北、吉林、四川等省（直辖市）充分利用水文公众号推出专题或专栏，采取"党建＋文化"、播放水文科普小常识（视频）和推广学术论文等形式，加强面向社会公众的水文化宣传教育。江苏、山东、湖北等省水文微信公众号关注人数显著增长，其中江苏省较去年同期增长 4 倍、山东省新增粉丝 4200 人、湖北省较去年同期增长 58%。重庆、贵州等省（直辖市）升级改版微信公众号。云南、宁夏等省（自治区）水文微信公众号也相继成为水文宣传的重要平台。

六、精神文明建设

2024 年，全国水文系统坚持以习近平新时代中国特色社会主义思想为指导，围绕新阶段水利高质量发展目标，持续加强党的建设工作，强化基层党组织建设，以学习贯彻党的二十大和二十届二中、三中全会精神为主线，扎实开展主题教育，不断提高政治站位。

1. 党建工作深入开展

水利部水文司以学习宣传贯彻党的二十大和二十届二中、三中全会精神为主线，持续深入开展学习贯彻习近平新时代中国特色社会主义思想主题教育。通过党支部活动、党小组活动、集中轮训等方式，深入学习领会党的二十大和二十届二中、三中全会提出的新思想、新论断、新要求。扎实开展党纪学习教育，深化"以案促教、以案促改、以案促治"专项行动，开展廉洁教育主题党日活动。通过开展警示教育、组织专题民主生活会等形式，引导党员干部增强"四个意识"、坚定"四个自信"、做到"两个维护"。与水利部信息中心党支部联合开展致敬"最美水利人"主题党日活动。抓实党员干部经常性理论学习，强化青年理论学习小组政治理论学习，1 名青年干部获"学思想、强党性、重实践、建新功"演讲比赛优秀奖。加强党支部标准化规范化管理。及时进行党支部换届选举，选强配齐支部委员，严格落实"三会一课"制度。

各地水文部门深入开展党建工作，组织开展了多种形式的研学活动。珠江委组织开展"笃行不怠　迎祖国 75 华诞"系列活动，制作"祝福祖国"国庆快闪视频。辽宁省积极营造学雷锋良好氛围、创建"水文青年现场播报"宣传品牌、持续推进"看变化、增信心、强本领、促振兴""党建＋营商环境建设""联系基层服务群众""服务乡村振兴"等多项活动。黑龙江省紧跟龙江水文改革发展大潮，倾力打造"种一棵组织树、织一张业务网"工程，实施"一横一纵双向发力，推进党建业务全方位融合"党委党建品牌建设。福建省持续完善"党建带创建、创建促党建"工作机制，重点以"1+3+8"（1 个党委指挥棒，3 个党委直属党支部，8 个设区市实行双重管理党支部）福建省水文党建品牌链为载体，带动聚合基层文明创建集群力量，打造凸显时代特色、行业特色、地域特色和单位特色的精神文明建设共同体。湖北省开展文明家庭等细胞建设、学雷锋志愿者服务、编撰《湖北水文文苑》系列丛书之八《扬帆起航》等文化建设，开展社区共建、举办道德讲堂等系列文明创建活动，持续推进"五先"（政治引领当先进、扎根基层当先哨、峰顶浪尖当先锋、把脉江河当先行、决策支撑当先导）党建品牌。湖南省全面落实"四下基层"制度，深化"走找想促"（走基层、找问题、想办法、促发展）活动，聚焦高质量发展难点、热点问题，选定 7 个方面主题深入调研，推动为民办实事解难题，深入推进"四强"支部建设，深化"一支部一品牌"建设。四川省深入开展"以下看上找问题 以上率下转作风"专项行动和以案促改工作，对标倪修武案、周芸案和公款吃请问题相关问题开展专项整治；以"青年文明号"为平台，构建党建带群建，开展"学习进行时""水文青年说""我和我的祖国"等实践活动，着力促进事业发展和培养现代化建设有生力量。

2. 精神文明建设成果丰硕

全国水文系统始终坚持以习近平新时代中国特色社会主义思想为指导，坚持不懈以党的创新理论凝心铸魂，强化理论武装，牢牢把握"学思想、强党性、重实践、建新功"的总要求，以主题教育为"魂"，深入推进精神文明建设，实现了业务能力与文明素养的双提升，为保障国家水安全、服务生态文明建设提供了坚实的精神支撑。各单位结合实际，组织开展学习讨论和各具特色的调研活动，将理论学习、调查研究、推动发展、检视整改等一体推进，取得了实实在在的成效。12个水文单位荣获"全国水利系统先进集体"称号，21名水文职工荣获"全国水利系统先进工作者"称号。100个全国水文先进集体和150名全国水文先进个人得到水利部通报表扬。淮委水文局2个集体获蚌埠市青年文明号，1名同志获第四届"最美水利人"提名奖。珠江委水文局欧阳浩琳、马惠璇入选"共和国水利故事讲述人"。河北省水文勘测研究中心获"全国五一劳动奖状"，水情处被评为"全国工人先锋号"。吉林省水文水资源局白山分局郭一萱荣获"共和国水利故事"讲述人称。浙江省"最多跑一次"水文服务窗口入选2024年度全国巾帼文明岗候选集体。山东省1名同志获山东省五一劳动奖章。重庆市水文监测总站黎春蕾获"重庆市三八红旗手"表彰；选派的驻村第一书记陈创获"新时代水利好青年——担当奉献好青年"表彰。

3. 水文援藏援疆工作大力推进

水利部水文司深入贯彻落实水利部第十一次援藏工作会议精神和全国水利援疆工作会议精神，组织协调并大力推进水文援藏援疆工作，组织各对口援藏援疆单位开展援助工作。

2024年，水利部水文司积极指导西藏自治区、新疆维吾尔自治区和新疆兵团开展《全国水文基础设施建设"十四五"规划》内重点项目前期工作，安排水文中央预算内投资约2703万元，用于支持西藏水资源监测能力及大江大河水文应急监测建设。各地水文部门按照水文对口援助工作机制开展了大量工作。长江委组织召开了2024年水文援疆第二小组工作座谈会和2024年水文援藏第一小组工作座谈会，选派三位技术骨干为新疆参加水文勘测比赛选手开展技术培训，与西藏自治区水文水资源勘测局签订战略合作协议，就水文支撑保障、科技交流和人才培养建立深层次合作。黄委选派技术专家赴藏开展科考相关工作，邀请日喀则分局技术人员参加交流培训；选派技术专家赴新疆维吾尔自治区水文局和伊犁水文勘测中心、喀什水文勘测中心挂职交流，选派技术专家赴新疆维吾尔自治区水文局、新疆兵团水利局现场调研交流，帮助编制 8 项技术报告，举办黄河流域（片）水文气象预报技术等 3 个培训班。淮委作为水文援疆援藏组长单位，与吉林牵头开展 2024 年水文援疆和援藏现场工作会，对西藏那曲水文水资源分局职工食堂进行改造，援助资金 32.98 万元。珠江委选派技术骨干赴疆，支援新疆维吾尔自治区水文局 "十五五" 及跨界河流水文站网规划编制工作。太湖局水文援藏第七工作组组建了水质水生态、新技术设备应用等专项对接工作组，开展了 4 次业务培训，组织向阿克苏水文勘测中心结对村英买力镇喀什贝希村累计捐赠衣物，连续 10 年共计捐赠 3000 余件衣物。北京市派员赴新疆和田水文勘测中心协助指导流域水资源调查评价工作，派技术专家赴西藏山南水文水资源分局捐赠 7 台（套）水文设备设施，总价值 39.08 万元。天津市选派水资源调查评价专家前往新疆和田地区开展为期一周的对口援助。河北省委派两位水文技术专家在新疆巴音郭楞水文勘测中心进行竞赛指导，先后接待新疆喀什水文勘测中心、巴音郭楞水文勘测中心等调研组来河北进行水文现代化建设等工作的交流调研。吉林省派出技术干部指导阿勒泰水文勘测工大赛外业项目，完成《2023—2024 年那曲组水文援藏项目——那曲水文水资源分局基础设施改造项目援助协议》中援助资金支付工作。浙江省举办四期线上水文业务培训班，组织专家和技术骨干驰援阿克苏，开展应急监测和技术指导工作。福建省选派 2 名优秀干部参加第十批福建援疆水利队伍，前往昌吉回族自治州水资源管理中心开始为期半年的援疆工作。江西省选派 3 位业务骨干赴新疆水文局开展为期 1 年半挂职锻炼和援助，选派 1 名同志赴克孜勒苏水文勘测中心开展为期 4 个月驻地援助，对接新疆水文局派出的 2 名交流人员分别到赣江上游中心和赣江下游中心开展为期 5 个月跟班学习。山东省水文中心与新疆兵团第十二师水文水资源管理中心签订合作帮扶协议，向西藏昌都水文水资源分局援助仪器设备。河南省选拔 3 名水文专家和技术骨干前往新疆哈密开展新一轮水文对口援疆工作，派遣 4 名水文技术骨干组成援藏技术小组，赴日喀则开展为期 11 天的水文对口帮扶。湖北省邀请西藏自治区拉萨水文水资源分局团队赴鄂考察交流，组织普吉律等 3 名业务骨干到宜昌市水文水资源勘测局等单位开展了为期一个月的驻站学习。湖南省成立以中心班子成员为组长的援藏援疆工作小组，分别赴西藏自治区拉萨水文水资源分局、新疆维吾尔自治区水文局开展业务交流和技术援助，开展专题培训、协助完善洪水预报方案、党建人事工作进行培训指导等工作，对接援助单位技术骨干在湖南水文跟班学习。广东省组织新疆巴音郭楞水文勘测中心到粤学习调研和技术培训，援助 30 万元支持喀什水文开展测站升级改造，将斯木哈纳水文站建成现代化无人值守的巡测站。四川省和甘孜水文水资源勘测中心开展加拉堰塞湖岸坡地形测量，并结合现场展示加拉堰塞湖航拍照片和初步测量成果，开展水文监测技术、数字航空摄影测量授课和技术交流。云南省联合西藏自治区水文水资源勘测局在鹤庆县开展数字水文技术培训及 2024 年度水文资料整编预审。

第三部分

规划与建设篇

2024年，全国水文系统锚定水文现代化发展目标，加快推动现代化雨水情监测预报体系建设，全面推进"十四五"规划实施，抓好年度投资计划执行，加强项目建设管理，深入开展水文基础设施提档升级，综合施策推动全国水文现代化建设和高质量发展，持续提升水文测报能力和服务水平。

一、加快推进雨水情监测预报"三道防线"建设

1. 加强现代化雨水情监测预报体系建设顶层设计

2024年1月，全国水利工作会议强调要加快完善雨水情监测预报体系，进一步延长洪水预见期、提高洪水预报精准度。3月，全国水文工作会议要求按照"应设尽设、应测尽测、应在线尽在线"原则，加快构建雨水情监测预报"三道防线"，完善现代化雨水情监测预报体系。水利部水文司组织编制《流域（区域）现代化水文监测预报体系评价办法（试行）》《现代化水文站评价方法（试行）》，将《水利测雨雷达应用技术规范》等27项标准纳入"急用先行"标准，推动相关技术标准加快制修订，为加快构建现代化雨水情监测预报体系做好技术指导。

6月，李国英部长亲自部署、亲自推动，指导北京市在永定河官厅山峡段建成现代化雨水情监测预报体系，并在现代化雨水情监测预报体系建设现场推进会上提出"一二三四"总体架构。部党组的要求部署为加快构建现代化雨水情监测预报体系提供了实施路径和方法。11月，李国英部长提出"在推进水旱灾害防御体系、水资源管理体系和能力现代化进程中，实现雨水情监测预报体

系现代化是最重要的目标任务之一",水利部水文司按照有关要求组织编制《关于加快推进雨水情监测预报体系和能力建设的实施意见》,进一步明确加快推进雨水情监测预报体系和能力现代化建设总体目标、重点任务、保障措施。一年来,各地掀起了加快构建现代化雨水情监测预报体系的新高潮,取得了一系列新进展新突破。

2. "第一道防线"建设应用取得较大突破

推动水利测雨雷达组网建设。水利部水文司组织各地加快水利测雨雷达组网建设,2024年新建完成40部水利测雨雷达,另多渠道落实121部投资(图3-1)。长江委水文局负责的陆水、唐白河流域测雨雷达建设先行先试前期工作稳步推进,开展陆水流域水利测雨雷达组网试验,启动水利测雨雷达+北斗GNSS面雨量监测仪协同组网研究。黄委水文局建成"三小间"3部X波段相控阵型水利测雨雷达。

图 3-1 水利测雨雷达

北京市在汛前构建完成永定河官厅山峡构建雨水情监测预报"三道防线"试点体系。天津市新建6部水利测雨雷达。辽宁省建成3部X波段测雨雷达及配套设施工作。浙江省出台《浙江水文加快现代化雨水情监测预报体系建设的若干举措》,推动软硬件双提升,目前试点3部水利测雨雷达已组网试运行,监测数据实时报送水利部（专栏3）。福建省建设3部X波段双偏振测、1部相控阵测雨雷达试点，计划2025年度建成相控阵水利测雨雷达2部并组网。江西省在赣州山洪灾害易发区落地实施1部水利测雨雷达。山东省先行先试布设6部水利测雨雷达并完成组网，与气象部门统筹资源、密切合作，实现跨部门雷达组网应用。广东省试点布设3部相控阵水利测雨雷达，完成安装调试并投入试运行。

加强气象卫星应用。水利部水文司推动水文部门与气象部门建立健全卫星数据共享机制，积极参与《国家综合气象观测系统"十五五"发展规划》编制工作，持续加强与气象部门气象观测需求、统筹布局、数据共享共用等方面的交流合作，共享应用了中国气象局88部天气雷达基数据和PUB产品。我国首颗以水利正式命名的遥感监测卫星"水利一号"在太原卫星发射中心成功发射，将在"天空地水工"一体化监测感知体系"天基"监测建设中发挥重要支撑作用。水利部信息中心应用中国风云4号气象卫星和日本葵花9号气象卫星实时资料，初步实现对未来1～3小时强对流云团覆盖地区进行强降雨风险预警；基本实现气象卫星观测的云、大气温度和湿度等数据在水利部区域降水预报模式中的同化应用，有效提高了短期降水预报的精准度。

3."第二、三道防线"建设取得重大进展

水利部水文司组织完成中央预算内、增发国债等水文项目年度建设任务，指导海河流域、松辽流域等受灾地区在主汛期前完成水文基础设施恢复重建任务。组织完成全国水文站高洪测验设施设备现代化升级改造，推进水利工程配套建设水文设施3000余处。推进全国高标准建设雨量站7000余处、水文（位）站3000余处，建成了一批全要素、全量程、全天候自动监测水文站，站网布局进一步完善，水文监测预报能力显著提升。

北京、河北、天津、河南、黑龙江、吉林、辽宁等省（直辖市）新配备一批北斗卫星通信终端，有力提升了极端天气情况下报汛能力。天津市改造2处

国家基本水位站、16处中小河流水文站、4处基本雨量站，新建10处河道或蓄滞洪区专用水位站、4处入境入海水文站、5处雨量站，提档升级13处国家基本站和1处大江大河专用站，补充改造5处国家基本水文站的自动蒸发和自动测沙设备。河北省利用增发国债项目建设，全面优化水文站网体系，全年新改建375处水位站、208处水文站，有效提升水文监测能力。山西省通过新改建大量雨量站，极大地提升了雨量监测覆盖密度，提高流域面上特别是覆盖暴雨洪水集中来源区等关键区域落地雨监测精度。内蒙古自治区新建1处水文站，改建110处水文站。吉林省编制完成《吉林省第二、三道防线补充完善建设工程初步设计报告》，并获得批复，目前已完成设备采购第二标段（视频水位及流量监测系统）的招标工作。江苏省2024年新改建302处雨量站，新改建1048处水文站点，157处基本水文站全部实现每站2套自动在线测流系统建设并增配北斗卫星通信模块，完成359个省级以上报汛站自动测报系统信道升级。山东省完成22处水文站建设，完成82处雨雪量计、10处固定雷达测流设备安装，配备27套ADCP、微型ADCP设备。广西壮族自治区新改建20处水文站、19处水位站，新建145处雨量站。重庆市提档升级12处水文站、117处国家基本水位站、830处国家基本雨量站，新建3处中小河流水文站。贵州省在全省范围内有监测雨量数据的站点共计3700余站，雨量站站网密度达210站/万km^2，新建20处水文站。甘肃省拟在陇南等14个暴雨洪水集中来源区补充加密一批雨量站和水文站点。宁夏回族自治区对洪水频发和人口密集等重点区域站点进行补充，拟新改建677处雨量站，新改建155处水文（位）站，1项洪水预报系统（专栏4）。

> **专栏3**
>
> **浙江水文全力推进水利测雨雷达组网建设**
>
> 按照水利部实现覆盖"三大重点区域"的要求，编制《浙江省水利测雨雷达建设总体方案（2025—2030年）》，计划用3~5年时间

在全省建设51部测雨雷达，形成浙江省水利测雨雷达站网体系，覆盖全省258条中小河流，天目山区、雁荡山区、四明山区等9个暴雨中心，涉及11585个山洪灾害防御重要村落、34座大型水库、7处大型引调水工程。当前正重点推进绍兴曹娥江流域先行试点建设，3部雷达均已完成建设并组网运行，监测数据直达水利部。

专栏4

宁夏水文加快构建现代化雨水情监测预报体系

宁夏水文进一步贯彻落实李国英部长在现代化雨水情监测预报体系建设现场推进会讲话精神，加快构建现代化雨水情监测预报体系，以"实现延长洪水预见期与提高洪水预报精准度的有效统一"为目标，在"三道防线"建设方面积极探索和实践。

（1）推进"第一道防线"建设任务。为填补"云中雨"监测预报盲区，努力延长洪水预见期，支撑洪水防御超前部署，宁夏回族自治区水文中心于2024年8月底编制完成《宁夏中小河流雨水情监测预报"三道防线"工程水利测雨雷达建设实施方案（2025—2026）》，经水利厅审核后，上报部水文司。同时积极开展项目前期选址工作，先后与贺兰山国家森林保护局、自治区无线电委员会等单位进行了沟通，基本确定了建设地址，正在编制技术方案。

（2）织密"第二道防线"监测站网。根据《水文站网规划技术导则》（SL/T 34—2023）和山洪灾害小流域自动监测站网布局评估优化原则要求，在已建959处雨量站点的基础上，借助"三道防线"项目，在贺兰山东麓、清水河等重点区域新建249处雨量站，新建站点全部实现4G和北斗卫星通信信道双备份。统筹项目建设，接入水库矩阵项目建设的 320 处雨量站，全区水利系统雨量站数量达 1528 处，密度达 43.4 平方公里每站。通过与气象部门共享 900 余处雨量站，全区雨量站网密度可进一步提高，基本满足导则要求，实现流域暴雨时空分布和面平均降雨量精准监测。

（3）补齐"第三道防线"监测体系。围绕流域防洪业务需求，分析水文站点布设现状，准确对位流域监测空白区，一是依托"三道防线"建设项目在贺兰山东麓卫宁段、苦水河、红柳沟支流等流域新建 10 处水位站、改建 163 处水文（位）站，提高站网监测密度；将全区 283 座水库出入库流量监测站点纳入水文站网，为水库调度及流域洪水防御提供数据支撑；二是在黄河干流宁夏段防凌关键部位补充新建 23 处智能视频凌情监测站，升级改造 27 处已建视频监测站和 22 处水位站，利用先进的视频监控技术和图像处理算法，实现对冰情的实时监测，补充凌情监测盲区；三是高效完成 30 处国家基本水文站提档升级建设，因地制宜引进适应宁夏各种水情特性的现代化水文监测技术和设备，实现流量、降水等监测要素全量程自动监测，高、中、低水全覆盖，极大提升了水文监测能力。

二、规划和前期工作

水利部水文司围绕部党组关于推动新阶段水利高质量发展的工作部署，组织编报 2024 年水文基础设施中央预算内投资建议计划，优先安排国家基本水文测站提档升级、丹江口库区及其上游流域水质安全保障等重点任务涉及的水文测站建设、水文巡测及应急监测能力建设、水资源监测能力建设等重点项目，加快构建雨水情监测预报"三道防线"，强化"四预"措施；督促指导流域机构和各地水文部门加快推进项目前期工作；完成 2023 年度水文基础设施工程中央预算内投资绩效评估；梳理总结水文"十四五"规划实施情况；印发《水利部水文司关于全面推进〈全国水文基础设施建设"十四五"规划〉实施的通知》，督促各流域管理机构和省份加快项目前期工作，推动规划内项目按期实施。各地水文部门加快推进列入《全国水文基础设施建设"十四五"规划》的国家基本水文测站提档升级建设、大江大河水文监测系统建设、水资源监测能力建设、水文实验站建设等项目前期工作（专栏5）。

水利部水文司持续指导增发国债项目的实施，印发《水利部办公厅关于加强增发国债水文基础设施项目建设管理的通知》，建立工作台账，按周跟踪项目进展；在2024年水文工作会议上召开水文基础设施建设专题部署会，对增发国债项目进展情况进行了通报；每月初编制印发增发国债水文基础设施项目投资计划执行月报；通过流域片会议、视频连线等方式督导国债项目实施进度，结合工作调研对云南、北京、河北等国债项目开展情况进行现场调研督导；2024年主汛期前水毁工程修复重建全部完成，年底25个项目的国债资金支付率全部达到100%。

> **专栏5**
>
> **云南积极加强六大体系建设**
>
> **稳步推进云南水文现代化建设进度**
>
> "十四五"以来，在水利部水文司、流域机构水文局的大力支持和专业指导下，云南水文认真贯彻落实习近平总书记"节水优先、空间均衡、系统治理、两手发力"治水思路和水安全保障要求，以《云南省"十四五"水文事业发展规划》（以下简称《规划》）为引领，积极加强"六大体系"建设，持续开展各项重点任务建设工作，稳步推进云南水文现代化建设，云南"民生水文""生态水文""智慧水文"定位正逐步加强。

（1）强化规划引领，完善水文建设前期工作，完成《规划》年度执行情况评估。启动《云南省"十五五"水文事业发展规划》编制工作，开展《云南省跨界河流水文站网规划》编制，完成《云南省"十五五"水文基础设施建设实施方案编制工作方案》，组织开展实施方案编制工作。

（2）加快推进水文基础设施建设，不断夯实水文现代化建设基础，持续推进9项重点水文基础设施建设工程；国债项目云南省大江大河水文监测系统建设工程和云南省跨界河流水文站网建设（二期）工程开工，其中云南省大江大河水文监测系统建设工程测站建设任务全部完工，合同完工验收率为100%。云南省跨界河流水文站网建设（二期）工程正在实施；云南省中小河流重点洪水易发区水文监测应急建设（一期）工程已完成土建工程和首批设备安装调试工作，土建工程合同完工验收率100%；组织云南省国家基本水文站提档升级一期和二期工程完工验收，验收率70%，云南省跨界河流水文站网建设一期工程完工验收100%。

（3）不断完善水文服务支撑体系建设，积极开展云南水文自动化、精准化、智能化服务和支撑体系建设；深化"数字水文"建设，初步实现在线整编数据报汛报旱，完成"测、报、整"向"测、整、报"的实质性转变，消除了水文流量数据报汛、整编"两张皮"的情况；开展省级水文业务系统建设，全面提升重要防洪断面洪水预报的时效性、准确度，延长预报预见期，补强洪水预报系统预报能力和时效性欠缺的短板，为防洪决策和防洪工程科学调度和安全运行提供决策依据，为守住洪水灾害防御底线、防范化解重大洪水风险提供技术支撑；初步搭建了"云南水文私有云"，为"四预"工作开展和数字孪生流域建设提供"算力"支撑；建立了洪水预警分级发布体系，印发《预警发布管理办法实施方案》，实施水文汛情"叫应"机制；制定了《云南省水文科研工作三年行动方案》，开展水文规律和关键技术研究，推进水文科技创新工作；组建 5 支科技攻关团队，加强水文基础设施运行维护，加强水文文化宣传；探索构建水文长效保障体系，积极开展规划建设项目审批和资金落实。

三、投资计划管理

2024 年中央预算内资金、国债资金和水利发展资金安排水文基础设施建设项目投资共 59.26 亿元，创历史年度中央投资新高。安排实施 7 个流域管理机构和 17 个省（自治区）122 个项目建设。长江委完成 2024 年中央预算内水利投资计划 17321 万元的分解下达工作，完成 25 个新开工项目的投资计划分解下达，包括长江委上游测区朱沱国家基本水文站提档升级等 18 个水文测站类项目和长江口风暴潮监测预警中心建设等 7 个水文监测中心类项目。黄委 2024 年第五批中央预算内水利投资计划共计 15910 万元，涉及 2024 年新开工 24 个项目和 4 个续建项目。淮委 2024 年中央预算内水利投资 1599 万元，包括复新河闸上、复新河闸下等 12 处大江大河及其主要支流水位站建设 1 个新开工项目、1 个续建项目。海委 2024 年中央预算内水利投资 3675 万元，包括 7 个水文基础设施建设项目的实施。珠江委 2024 年中央预算内水利投资 4816 万元，包括车湾村、赤石 2 处省界断面水文站建设等 7 个项目。松辽委 2024 年中央预算内水利投资 3459.28 万元。太湖局 2024 年中央预算内水利投资 3852 万元，包括中央投资项目 9 个。

地方水文基础设施建设投入不断加大，2024 年各地落实地方投资总额为 13.3 亿元，其中中央预算投资地方配套资金约 6.47 亿元，地方投资项目资金约 6.83 亿元。北京市落实市级水文监测站点恢复重建工程等 4 项国债项目，地方配套投资 15124.40 万元；黑臭水体治理效果跟踪监测等 20 项地方投资项目资金 5967.82 万元。天津市落实天津市雨水情监测预报"三道防线"建设等 2 个国债项目，地方配套资金 3614 万元，地方投资项目总资金 5876 万元。河北省落实河北省雨水情监测预报业务平台建设等 5 个国债项目，地方配套资金 10440 万元，地方投资项目总资金 900 万元。山西省落实水资源节约管理与保护、水旱灾害防御、省级雨涝灾害救灾等项目地方投资资金共 7737 万元。辽宁省落实大江大河水文监测（三期）建设工程等 7 个省级投资项目 1326 万元。吉林省大江大河水文监测系统改建工程等 4 个中央投资项目地方配套投资 18482 万元。江苏省水文基础设施建设工程、省水环境监测中心升级改造及无锡分中心迁建工程等 2 个项目落实地方配套资金 7937.31 万元。浙江省合计完成地方投资 5610 万元。安徽省开展安徽省水文特征值分析研究等 3 个地方投资项目，工作经费 460 万元。福建省落实省级重点水利项目前期专项经费 110 万元。江西省新建、续建 3 个中央预算内投资项目，省级配套共计 10954 万元。山东省开展国家基本水文测站提档升级建设工程（一期）等 5 个项目，共落实地方投资 8123 万元。湖南省落实小型水库安全监测能力等地方投资项目资金 2724 万元。广东省级财政安排广东省水文能力提升工程（一期）6236 万元。广西壮族自治区落实恭城水文中心站生产业务用房搬迁等 10 个地方投资项目 656 万元。海南省"十四五"建设项目、海南省取水监测计量体系建设项目，落实地方配套资金 1811 万元，地方投资项目 477 万元。重庆市在建中央预算内投资 2 个项目，市级配套资金 346.4 万元，落实地方投资资金 2413.73 万元。四川省共落实建设资金 1510.62 万元。贵州省增发国债项目和中央预算内项目，省级配套资金 574 万元。云南省已落实省级配套资金 920 万元。陕西省落实省级水利救灾资金、省级水利发展资金合计 1404 万元。甘肃省落实甘肃省地下水监测能力提升工程、石羊河流域地下水监测站网布局优化项目等 2 个地方投资项目，经费合计 705

万元。青海省落实青海省水资源监测能力建设工程等 2 个中央投资项目，地方预算内投资 1861 万元；中小河流水文监测系统雨量站、水文（位）站补充建设项目地方投资项目，落实资金 156 万元。

四、项目建设管理

1. 规范项目管理制度建设

各地水文部门依据国家基本建设有关制度规定和技术规程，强化项目组织管理，规范完善项目管理、财务管理、合同管理、质量管理、验收管理等规章制度，确保项目实施全过程的规范化、制度化和程序化。深入贯彻落实《水文设施工程验收管理办法》，加快项目验收，加强验收管理。

海委制定《海委水文基础设施建设管理办法》，对已完工项目的建设情况、试运行情况、档案资料等进行全面检查。珠江委全面夯实制度建设，制修订投资计划、水文测站管理等 8 项制度。松辽委修订《松辽委水文局（信息中心）基本建设项目管理办法》，进一步加强水文基建管理能力。北京市完成《北京市水文总站项目管理办法》等 5 项制度修订工作。河北省在项目实施环节，编制印发《项目法人制度汇编》，引入第三方社会力量对项目进行全过程管理与监督，编制《水文监测设备参数及指导价格技术指南》，规范招投标工作，制定《增发国债项目监督检查工作方案》，对工程进度、质量、安全生产等进行全面督导检查。辽宁省根据《水利工程建设项目法人工作手册（2023 版）》相关要求，制定国债水文项目管理办法及制度 13 项，汇编了国债水文项目《工程管理手册》和《工程技术手册》。安徽省印发《安徽省水文局建设管理制度汇编》，指导水文部门工程建设，组织制定《安徽省水文局水文基础设施建设项目设备验收管理办法（试行）》，明确验收责任，规范验收程序，强化设备验收工作。湖南出台新建水文设施指导意见，统一水文项目建设标准（专栏 6）。广西壮族自治区制定《自治区水文中心自行采购管理办法》（桂水文财〔2024〕

39号），执行水文内控制度要求，对规划前期可研初设报告编制、工程监理等采购全面做到应招尽招、应采尽采。四川省印发《四川省水文基础设施"十四五"规划项目建设管理办法》《四川省水文基础设施"十四五"规划项目财务管理办法》，修订《四川水文标准化建设指导意见（试行）》《水位雨量站典型设计方案》等技术文件。云南省制定《云南省水文水资源局水安全保障工程（"十四五"水文建设项目）质量管理办法》，印发"十四五"水文项目建设质量涉及的法律法规、规程规范及技术标准清单。西藏自治区建立《领导项目包保责任制度》，将"十四五"项目分配专人进行跟踪协调，每月发布工作月报。陕西省严格落实项目法人制，修订《陕西省水文基础设施工程验收管理办法》《陕西省水文基础设施工程项目建设管理办法》，印发《陕西省水文基础设施建设项目质量管理制度》。甘肃省印发《甘肃省水文站招投标管理办法（试行）》（甘水文发〔2024〕18号），严格落实建设管理"四制"要求。青海省印发《关于成立青海省水资源监测能力建设工程项目管理办公室的通知》（青水文〔2024〕45号）、《关于成立青海省水文基础设施建设2024年度项目管理办公室的通知》（青水文〔2024〕44号），组建项目法人管理办公室，明确相关职责。宁夏回族自治区正式实施《水文监测设施建设技术规范》（DB64/T 1946—2023）地方标准，同时积极争取地方标准《水文设施工程质量评定规范》立项。

2. 加强项目建设指导监督

水利部水文司加强项目建设监督和指导，通过电话督导、视频连线周调度、印发督办函、开展约谈等多种方式，跟踪督导并加快推进投资计划执行进度。充分发挥流域管理机构在流域片水文基础设施建设中的指导和监督作用，开展动态监管、节点督办和现场监督检查，加强对水文项目全周期管理。共编制水文投资计划执行月报5期、增发国债水文基础设施建设项目投资计划执行月报9期。

各地水文部门克服汛情范围广、有效工期短等众多不利因素，抓好项目法人责任制、招标投标制、建设监理制和合同管理制等四项工程管理制度（"四制"）的落实，采取多种措施，保障项目顺利建设实施。长江委严格"四制"管理，切实履行项目法人职责、严格监理单位管理、强化合同管理、规范招标和政府采购行为；加强基建项目重点环节监督管理，以"水文基建管理系统"为基础，通过信息化手段对水文局基建项目建设管理的各个环节进行"全流程、透明化、智能化"的动态管理，坚持质量第一，加强水文基建项目建设质量的过程检查。黄委建立"招标进展、施工进度、检查整改、验收工作"等4本台账，以"周报"形式推进年度建设管理各项工作；质量监督方面，紧盯施工关键节点开展督查，建立现场检查台账并逐项跟踪整改。珠江委强化项目法人"三控三管一协调"（进度、质量、投资控制，合同、安全、信息管理，项目法人综合组织协调）管理，建立项目全过程廉政风险防控矩阵，推进廉洁文化"三进"（进项目、进工地、进现场）。松辽委加强水文基建项目调控，狠抓在建项目质量关、进度关；推进嫩江水资源监测能力建设、水文局所属三中心巡测基地设施设备建设，确保工程质量及进度达标。

河北省紧扣站网规划、质量监督、项目实施、廉政防控四个环节，加强项目建设管理。内蒙古自治区成立水文站高洪测验设施设备现代化升级改造建设项目工作专班和督察组，明确工程建设各项程序、工作职责和工作目标，严格项目各标段招投标程序。辽宁省采用委托全过程工程咨询管理单位的方式协助项目法人开展项目管理,咨询范围包括项目管理、监理及造价。浙江省通过"3+N"服务机制，协调全省各地站网技术骨干,加强站点建设前期站点踏勘、方案比选，同时指导各地将建成站点信息及时录入江河湖库平台，严把建设质量、建设进度等，稳步推进水文感知站点建设。福建省采用建设项目全过程工程咨询服务，通过公开招投标确定服务单位，通过合同管理、投资管理等全过程统筹服务保质保量完成项目中各水文测站的提档升级建设任务。江西省严格"四制"管理，进一步强化廉政责任制，确保工程安全、资金安全、干部安全。湖南省举办全省项目建设管理培训会议，同时召开全省项目建设管理交流座谈会，总结建设成效、梳理难点堵点。广西壮族自治区严格执行工程建设全过程监理制，通过周、月例会，专题会等形式，及时协调、解决工程建设过程中存在的各类问题。云南省印发《关于开展"十四五"建设项目和水文监测督导检查的通知》，持续开展水文在建项目工程质量及安全生产监督和检查，推进项目建设全过程、精细化管理。青海省建立项目质量管理体系，现场项目管理部负责现场质量管理，不定期巡视施工现场，组织参建各方召开质量专题会议。宁夏回族自治区全面落实水利安全生产"六项机制"，扎实开展安全生产标准化达标工作、水利安全生产治本攻坚三年行动、"安全生产月"等活动，获评水利安全生产二级达标单位，编制《水文监测安全防护规范》地方标准，通过自治区市场监督管理厅审查，梳理修订完善安全生产规章制度以及各类操作规程8项。

3. 做好项目验收管理

水利部水文司梳理统计"十四五"规划项目竣工验收情况，督促已建成水文项目的竣工验收工作，保证投资发挥实际效益。

各地水文部门按照水利部《水文设施工程验收管理办法》和《水文设施工程验收规程》，结合年度建设任务和项目实施进度，认真制定项目验收工作计划，及时做好项目竣工验收准备，加快开展项目验收工作。长江委完成水资源监测能力建设、长江委三峡测区巴东银杏沱2处水文测站建设、三峡水库水文实验站建设等15个基建项目的竣工验收工作。黄委将竣工验收分上下半年2批次，建立验收工作台账，组织召开应用软件建设标准专题会，开展测控软件等测试验收，全面提升验收工作深度和质量。淮委完成2处省界及7个重要控制断面水文站建设项目的竣工验收。海委完成了乌龙矶水文测站改建4个水文基础设施建设项目竣工验收工作。珠江委历史项目验收、年度项目实施、来年项目申报三线齐推，督促项目实施单位做好项目进度、质量、投资、合同、验收管理。松辽委组织完成水文巡测基地改建项目等项目完工验收，松辽委六间房村、兴隆乡等 103 处国家基本雨量站提档升级等 4 个项目顺利通过竣工验收。太湖局对在建基建项目的建设管理、质量控制和安全生产等进行了重点监督检查。

上海市完成长江口、省市边界水文水质监测站网工程项目验收和竣工决算审计，落实崇明岛生态环境预警监测评估体系水文监测站工程项目竣工验收准备。江苏省水环境监测中心连云港分中心设施及装备达标建设工程项目已具备竣工验收条件，已上报工程竣工验收的请示；江苏省水环境监测中心徐州淮安南通分中心设施及装备达标建设工程已完成竣工验收。安徽省水资源监测能力及中小河流重点洪水易发区水文监测应急（一期）建设工程（续建）已全部完成并通过合同完工验收。广西壮族自治区开展年度投资计划执行及项目竣工验收准备工作专项督查，通报月投资计划执行情况 4 期，组织开展 12 个所属单位 4 个项目质量与安全监督，出具监督登记表 12 份、监督报告 21 份，完成合同完工验收 28 个、工程完工验收 5 个、档案专项验收 18 项、竣工验收 15 项。甘肃省承建的"甘肃省国家基本水文测站提档升级建设工程（一期）"所有合同工程完成验收，"甘肃省陇南等地暴雨洪涝灾害水文设施灾后恢复重建（近期）"项目完成了工程完工验收。

专栏 6

湖南水文新建水文设施指导意见出台 统一水文建设项目标准

湖南出台《湖南省大江大河水文监测系统及中小河流重点洪水易发区水文监测应急建设工程（一期）技施设计指导意见》。湖南省大江大河水文监测系统建设工程（"十四五"）项目为湖南省首个由各市州水文中心作为项目法人进行建设管理的项目，省水文中心为加强业务指导，出台了该指导意见，明确勘察、测量、施工图与技术说明标准，统一水文设施建设规格、工艺与材质，梳理主要设备技术参数，为全省新建水文设施建设提供权威指导，确保建设质量与标准的一致性。

石亭水位站

枧头洲水文站

五、运行维护经费落实情况

2024年，水利部水文司组织落实中央直属单位水文测报经费2.07亿元、水文水资源监测项目经费1.77亿元。各地水文部门积极落实水文运行维护经费28.69亿元，做好水文监测信息采集、传输、整编刊印、情报预报和水文测验设施维修检定等工作，保障水文各项业务工作顺利开展。

六、推进水利工程配套水文设施建设情况

2024年，水利部水文司按照《水利工程配套水文设施建设技术指南》有关要求，指导各地在新建水库、江河治理、引调水等水利工程中将雨水情监测预报"三道防线"纳入工程建设内容，确保应建尽建，应建优建。各地水文部门攻坚克难、多方协调，多渠道多举措推进水利工程配套水文设施建设工作，立足于建设目标和流域发展目标，出台一系列配套水文设施建设实施细则、方案，做好一系列新建配套工程的落地实施，多方筹措资金推进配套项目落实落地，进一步筑牢全国水文基础建设基本盘。据不完全统计，2024年，全国260个水利工程项目配套建设各类水文测站3000余处。

黄委稳步推进水利工程配套水文设施建设相关前期工作，制定《黄河流域水利工程配套水文设施建设实施细则（试行）》；完成古贤水利枢纽"三道防线"专题报告编制工作；积极推进黄河下游综合提升治理工程等3个黄委重大水利工程"三道防线"专题报告前期工作；11月，组织编制完成《北金堤滞洪区张庄入黄闸除险加固工程可行性研究报告》"三道防线"专题报告。珠江委制定了《珠江流域水利工程配套水文设施实施方案》初稿。松辽委将水文基础设施建设统筹纳入工程建设中，按照"应设尽设、应测尽测"原则，规划新建测雨雷达11组、水文站57处、水位站47处、雨量站378处，着力加强西辽河流域水资源监测体系。太湖局围绕工程建设目标和流域治理管理需要，在太浦河增设黎里水文水质水生态综合站，在望虞河增设南塘大桥水量水质站、莳塘泾水文水生态站、圩区水位站、重要支流水文站以及结合张桥国家重要水文站建设望虞河监测预警中心等。天津市稳步推进水利工程配套水文设施建设，加快构建现代化水文站网，有效筑牢雨水情监测预报"三道防线"，提升"四预"（预报、预警、预演、预案）能力。河北省乌拉哈达水利枢纽、野沟门水库重建等4个建设项目，在各阶段配套建设了水文设施，涉及投资约1.04亿元。山西省编制完成《山西省水利工程配套水文设施建设实施方案》。吉林省印发《水利工程配套水文设施建设实施方案的通知》（吉水防〔2024〕120号）。黑龙江省印发《推进水利工程配套水文设施建设的实施意见》。上海市2项水利工程配套3处水文设施开工建设。江苏省完成母亲河复苏行动中丁堡河—江海河河道内水文监测设施建设需求分析及统计上报，共上报4处站点（断面）水文监测设施建设任务，共计208万元。浙江省推动感知体系建设，在海塘提标、干堤加固、水库除险等水利重点项目同步建设水文测站，2023—2024年，工程配套水文共完成68个雨量站、50个水位站、42个流量站的建设，项目总投资3352.85万元。安徽省印发《关于印发〈安徽省水利厅关于推进水利工程配套水文设施建设的实施意见〉的通知》（皖水文〔2024〕59号），目前已在54

个水利工程中初步配套建设水文设施相关内容，概算投资 3.05 亿元。福建省出台《水利工程带水文规划报告和建设导则》，编制《福建省水雨情报汛站点建设通用技术规定》，为设计、审批和建设单位开展站点建设提供技术支撑，完成 1650 个小型水库水位监测站点建设。江西省制定印发《江西省水利工程配套水文设施 2024 年建设方案》，梳理了 2024 年全省实施的 243 个水利工程项目情况，落实站点建设 104 处，落实投资 1025 万元。山东省临沂蒙河双堠水库、威海长会口水库配套水文设施顺利取得初步设计批复，其中双堠水库批复投资 717 万元、长会口水库批复投资 837.39 万元。湖北省出台了《湖北省水利厅关于推进水利工程配套水文设施建设的实施意见》（鄂水利函〔2023〕810 号）。湖南省制定《湖南省水利厅关于推进水利工程配套水文设施建设的实施意见》（湘水发〔2024〕3 号），共有 90 个水利工程项目（包括水闸除险加固、灌区建设、水库雨水情及大坝安全监测设施建设等）开展了配套水文设施建设，共计投资 3545.61 万元，共新建站次 230 个，改建站次 16 个，其他配套新建水文设施 211 个。广东省积极承担水利工程配套水文设施建设技术指导工作，联合厅建设处、技术中心对项目配套水文设施建设出具技术意见，加快推进《关于推进水利工程配套水文设施建设的实施意见》制定出台。广西壮族自治区印发实施《关于推进水利工程配套水文设施建设的实施意见》，全年参与 48 个水利工程项目设计文件或建设方案技术审查。四川省编制完成《四川省水利工程配套水文设施实施方案》。西藏自治区推进 3 项水利工程配套水文设施建设项目，完成林芝市亚让、那曲市拉日曲和林芝市松塔水电站 3 处专用水文（位）站审批工作。新疆维吾尔自治区全面梳理全年在全疆各地开展的各类水利工程建设项目，在大中型灌区改造配套信息化系统中硬件部分包含配套水文设施，服务于农村综合水价改革。新疆兵团 11 处水利工程共配套水文设施 60 处，配套投资 164.341 万元。

第四部分 水文站网管理篇

2024年，全国水文系统大力推进水文现代化建设，优化水文站网布局，按照"应设尽设、应测尽测、应在线尽在线"原则，统筹结构、密度、功能，加快构建气象卫星和测雨雷达、雨量站、水文站组成的雨水情监测预报"三道防线"，加快完善雨水情监测预报体系，进一步提升水文站网管理规范化、信息化、智能化水平。

一、水文站网发展

截至2024年年底，全国水文系统共有各类水文测站133369处，其中，流量站（水文站）9660处、水位站23212处、降水量站57432处、地下水站24857处、水质站10362处、水生态站1456处、墒情站5855处、水文实验站65处、测雨雷达站46处（台）。

国家水文站网稳步发展，各类水文测站总数较上一年增加6334处，增加5%。流量站较上一年增加1179处，增加14%。水位站较上一年增加2579处，增加13%。降水量站较上一年增加1153处，增加2%。地下水站24857处，包括国家地下水监测工程站点10298处，其中，自动监测站18329处，较上一年增加201处，增加1%；人工监测站6528处，较上一年减少1920处，减少23%。开展地表水水质监测的测站（断面）10362处，其中，（水）量（水）质同步监测2402处，占比23%；开展地下水水质监测的测站5082处；开展水生态监测的测站（断面）1463处。全国现有水质监测（分）中心359个。

全国水文系统向县级以上水行政主管部门报送汛情旱情的各类水文测站

63587处，其中，水工程报汛报旱站10245处。可发布预报站3789处，可发布预警站3896处，分别较上一年增加1214处、1167处，增加47%、43%。向水利部报送水文信息的地下水站24049处，其中，国家站10298处，地方站13751处。

全国水文系统加强水文基础设施现代化提档升级，完成水文站高洪测验设施设备现代化改造，加速提升水文新质生产力，大力推进测雨雷达等雨水情监测预报"三道防线"新技术装备研发应用，建成一批全要素、全量程、全自动水文站。降水量、水位、墒情基本实现自动监测，建成测雨雷达46部（其中2024年新建40部），强化面雨量精准监测，54%的流量站实现流量自动监测，占比较上一年增加11%；74%的地下水站实现自动监测，占比较上一年增加6%，其中国家地下水监测工程站点100%实现自动监测。我国基本建成种类齐全、功能较为完善的水文站网体系，在地表水方面，基本覆盖大江大河及其主要支流和有防洪任务的中小河流，有效掌握江河湖库基本水文情势；在地下水方面，初步形成覆盖主要平原、盆地、岩溶区、生态脆弱区等区域的地下水监测站网。

二、站网管理工作

1. 完善站网布局

2024年，各地水文部门按照《水文站网规划技术导则》（SL/T 34—2023），加快构建现代化水文监测站网体系，持续优化完善水文站网布局。长江委在保证国家基本水文站网整体稳定的前提下，进一步优化站网布局和功能，引江济汉控制站点李埠、高石碑水文站建成并投入试运行；西南巡测基地设施设备建设竣工验收；长江口咸潮监测站网基本组建，新增10处测站监测盐度，盐度自动监测步入常态，共享苏沪地区咸情信息，深化咸潮机理研究。海委开展海河流域水文站网规划工作，以2023年现状水文站网为基础，叠加海河流域内各省（自治区、直辖市）规划初步成果，提出了海河流域监测空白区站点布局成果，初步建成现代化示范样板站和海委首个数字孪生水文站——都衙水文站，实现了水文测站全要素全量程自动在线监测和可视化监视。珠江委按照李国英部长调研珠江流域防洪工作讲话要求，开展面向 2035 年水文基础设施建设项目储备工作。太湖局进一步完善环太湖和流域骨干河道监测体系，以雨水情监测预报"第二、三道防线"建设分析为基础，协同流域片省市谋划水文基础设施（2024—2030 年）项目储备，按照现代化雨水情监测预报体系现场会部署和 11 月李国英部长调研浙江省水利工作讲话精神，完善项目储备，编制专题工作方案。

北京市加快推进现代化雨水情监测预报体系建设，共改造 304 处水文站，加密新建 264 处雨量站、90 处专用水文站，实现了流域面积 $30km^2$ 以上的河流全覆盖，完成 3 部水利测雨雷达建设并组网，搭建完成官厅山峡段"产汇流 + 洪水演进"模型，将监测信息转化为洪水演进情况，为全市防汛做好"四预"能力支撑。天津市通过雨水情监测预报"三道防线"建设项目和水文基础设施建设"十四五"项目的实施，重点实施入境入海、中小河流、大江大河、蓄滞洪区、重点水生态敏感区等水文站网建设。河北省优化全省站网布局，全面梳理历史与现有测站，新设和调整 28 处国家基本水文站、1037 处专用水文站，汇总相关测站信息，系统梳理各类站网编码，解决编码重码、管理不统一问题，起草《河北省水文站网管理办法（征求意见稿）》。内蒙古自治区顺利实施自治区水文站高洪测验设施设备现代化升级改造建设项目（增发国债项目）、水文站网及应急监测能力提升建设项目。吉林省规划布设测雨雷达站点 54 处，积极推进测雨雷达试点工作。上海市完成长江口、省市边界水文水质监测站网工程项目验收，落实崇明岛生态环境预警监测评估体系水文监测站工程项目竣工验收准备。江苏省根据《江苏省水文站网规划（2022—2030 年）》，推进 397 处市际河道断面工程建设，完成 35 处国家基本水文测站、822 处专用水文测站能力提升项目建设前期工作。云南省通过相关基建项目完成提档升级水文站 25 处、水位站 5 处，新建水文站 7 处、水位站 1 处，启动跨界河流水文站网建设（二期）工程建设水文站10处。甘肃省进一步完善《甘肃省水文站网布局优化方案》，优化"十五五"建设内容。青海省加强三江源区水文监测工作，规划新建雅砻江珍秦水文站、澜沧江右岸一级支流吉曲查秀水文站。

2. 加强测站管理

各地水文部门积极探索水文站网管理举措，进一步规范测站管理工作。长江委推进现代化水文站达标验收工作，紧扣测站特色风格、文化底蕴、科技创新，打造内外兼修、具有示范效应的现代化水文站，其中，2024年新增寸滩等8处现代化水文站；积极开展辖区各水文站监测环境保护范围划定工作，设立统一规范的测站标识，依法依规划定测验河段和测验设施环境保护范围，截至2024年年底，97个测站边界划定得到地方批复认可。淮委强化流域治理管理，指导、协调和监督流域各省做好水文测站保护范围划定登记工作，2月向流域各省印发文件要求加快推进水文测站保护范围划定工作。珠江委构建水文水资源监测站网统一管理新格局，对含水质站在内的委属水文测站和水文水资源监测站点实行统一管理，修订印发《珠江委水文水资源局水文测站管理办法》，进一步健全站网管理、基础设施建设管理体系。太湖局印发《水文测验管理办法》，进一步推动水文测验标准化、规范化管理，联合省市开展测站巡查保护及行政许可审查，部署推动流域片省市测站考证工作。

北京市按照"一年基本恢复、三年全面提升、长远高质量发展"的目标原则，编制了灾后恢复重建水务专项规划，2024年完成全部水文监测断面、水文站、雨量站、墒情站等127处水文设施水毁修复，完成全部117处水文站和水文相关设施建设的功能提升和提档升级，实现了"一年基本恢复"，提前完成"三年全面提升"目标（专栏7）。吉林省印发《吉林省水文水资源局关于开展国家基本水文站标准化建设（第二批）验收工作的通知》（吉水文站〔2024〕101号），19处站点通过了标准化验收，进一步提升全省国家基本水文站标准化、规范化、科学化管理水平。上海市开展专用水文测站优化调整工作，对全市专用水文测站的测验环境和技术要求等规范性进行了全面审查，明确纳入专用水文测站的标准和名录。江苏省深化非水文部门水文测站统一管理工作，以昆山市为试点，规范区域非水文部门水文监测资料管理；完成常州、无锡水文分局以及省洪泽湖水利工程管理处、省灌溉总渠管理处等 4 家单位水文测站精细化评价现场检查与定级。浙江省积极开展专用水文站流量比测率定，印发《浙江省专用水文站自动监测设备比测率定技术指导书（试行）》，全省有 444 个专用流量站完成流量监测质量定级评定工作。安徽省强力推进水文测站标准化管理（专栏 8），修订完成《安徽省水文测站管理评价标准（试行）》《安徽省水文测站标准化管理评价办法（试行）》，建立水文测站标准化管理督查工作"分片包干"机制，配套制定《水文站（队）标准化管理督查指导手册》，全年完成对所有基本水文站标准化管理工作的全面督查。福建省规范站点信息管理，梳理完善全省 4992 个防汛站点基础信息，统一编码管理，建设全省防汛数据接收、传输系统，增强站点预警应用可靠性；统一规范水文监测环境保护标志，明确公示测站保护范围和在线管理，将全省 301 处国家基本水文站、水位站保护范围地理坐标录入至福建水利项目智审系统。山东省全面开展全省范围内的站网普查，编制印发《山东省水文站网名录》。河南省持续做好测站规范化建设管理，开展水文"应知应会"考试，提高专业技术人员学习的积极性和能动性。湖北省开展集中排查，全面摸清全省涉水工程建设影响水文监测环境和设施情况，持续推进水文测站分类分级管理，制定印发《湖北省水文站网分类分级管理名录》《湖北省水文站网分类分级技术方案》。海南省在基层测站开展"清新水文"建设行动，从精神面貌、仪器管理、工作环境等切入，从"职工文明、设备干净、庭院整洁"等三方面助推"清新水文"建设行动落地，探索形成水文测站标准化管理"海南水文新模式"。重庆市开展水利领域重点改革中创建监测站网建管统筹模式，印发《关于进一步规范水文站网管理工作的通知》，强化水文测站分类分级管理，梳理全市水库和小水电雨水情监测站点编码，优化 9 个区县 158 处水文测站和山洪灾害防治项目站点。四川省组织制定地方标准《四川省水利监测站（点）类对象编码规范》，完成全省 178 处国家基本水文站、246 处专用水文站考证档案编制及审核工作。贵州省在贵阳大数据交易所上线全国首个水文数据专区，上架各类水文数据产品 20 项。云南省修订《云南省水文测站规范化管理办法》，进一步健全测站管理制度，组织修编全省 327 处水文站任务书及超标洪水测报预案、124 处水位站超标洪水测报预案成果。陕西省开展全省非水文机构设立水文测报站点调查统计，经全面摸底统计，非省水文机构设立的水文站 48 处、水位站 588 处、雨量站 2061 处；全年编制 644 个小型水库报汛站站码，113 个山洪灾害自动雨量站、水位站编码，完成水文站高程标准化统计。新疆维吾尔自治区完成跨界河流（湖泊）水文站网规划编制，印发《关于推进中小河流专用水文站纳入国家基本站管理工作的通知》，推动柯坪等 5 处中小河流专用水文站纳入国家基本水文站网管理。

3. 百年水文站管理与保护

2024 年，各地切实推进百年水文站保护工作，强化水文监测资料保护机制建设，深挖长序列观测数据在历史溯源、文化传承及科研应用中的多维价值，多举措推进水文遗产保护、文化传承及科技展陈工作，通过展陈馆、数字化平台等，立体展示提高公众认知度，提升水文监测体系智能化、现代化水平，为防汛抗旱、生态治理等领域的科学决策提供数据支撑，助力经济社会高质量发展。

北京市加强通州百年水文站及其珍贵监测资料的保护，做好水文历史遗产、水文文化、科技的保护、传承和展示宣传工作，提升公众对水文站重要性的认知和保护意识；统筹规划百年水文站发展蓝图和建设管理，不断提升通州水文站现代化水平，充分发挥其示范引领作用，为经济社会的高质量发展提供更加优质的水文服务。吉林省将吉林百年水文站纳入《吉林省水文测站及水质实验室建设工程可行性研究报告》建设计划，针对测站建设方案专题研究、专项设计，在保证水文站实现自动化和现代化的同时兼顾传承。安徽省积极开展芜湖百年水文站能力提升工程建设，结合地方文化禀赋和水文行业特色，将现使用的芜湖水位自记井房改造成六角仿古亭风格，与江边观光走廊的亭阁相匹配，建成水文科普长廊，推动文旅融合，助力百年站宣传和水文行业影响力。广东省在水文能力提升工程（一期）项目中对马口、潮安百年水文站进行提档升级，马口水文站、广东水文科普园（新韶水文站）被认定为2024年度广东省水情教育基地。四川省编制都江堰百年水文站群综合建设设计方案，规划打造以自动化示范站、人工智能实验站、"5A级"水文站、科研实验站、文化传承站为一体的百年水文站；成立百年水文站都江堰站历史研究室，深入挖掘与其相关的水文文化、水利精神、地域文化等内容，为百年水文站都江堰站文化传承和展示提供丰富的素材。

4. 推进水文站网管理系统建设

长江委推进长江智慧水文监测系统（WISH系统）建设（图4-1），实现水文监测全流程自动化、站网数据分析智能化、站网设备管理监控自动化、站网管理流程化。松辽委完成水文测站在线管理系统的设计和开发建设。太湖局开展在线整编系统建设，推进资料整编"日清月结"在线化。

天津市开发"天津水文水资源管理系统"和"水文基础数据通用平台"等一系列水文站网信息管理软件。河北省推进雨水情监测业务平台和水文站网智

图4-1 WISH系统实现全流程在线一体化

慧平台建设，重点聚焦空间数据、勘测业务以及全景图解析三大核心模块的开发。山西省实施汾河流域防洪能力提升水雨情监测更新改造工程（岔上等5处水文站）孪生水文站数字化基础设施建设项目，围绕水文站网态势感知、水文站网设施设备基础信息管理系统升级、水文站监测数据信息化、水文站全景应用、数字孪生水文示范站等进行研发。内蒙古自治区持续加强国家基本水文站水利专网和视频识别水尺建设，推动水文站网管理系统升级改造，完成水文业务系统建设，基本实现自治区水文信息资源协同共享。吉林省站网管理系统基本建设完成，主要包括水文站网标准化管理、水文测验在线管理、水文资料在线整编、水文资料在线审查、水文资料在线汇编5个模块。江苏省完成测站运维管理系统开发，实现水文测站基础信息及运行维护统一管理；进一步完善水文测验数据处理与资料在线审查系统功能，提升全省水文资料整编质量及审查效率；开展地下水整编系统更新改造，适配地下水管控全新要求。浙江省探索开展"数字测站"建设，推动"3+N"数字测站试点建设，拟搭建开发以三大通用基本功能+N项定制化应用为框架的数字测站，打通水文业务链条数据生产最前端，向测站全自动、高智能、"无人值守"的方向发展（图4-2）。江西省水文站网管理系统，通过与资料、监测、水情等相关业务系统不断衔接，全面实现了江西省各类水文测站的站网基础数据的统一管理、统一存储、统一维护、统一发布，实现全过程管理站点。山东省建设完成洪水预报系统在全省

图4-2 浙江省水文数字测站驾驶舱

水文系统应用，实现预报精度和预见期的双提高；搭建"三道防线"数字化平台，实现雨水情信息综合监视和洪水预报—演进—预警全流程模拟。湖北省全面推广水文测验综合管理平台，探索水文站网管理系统建设，全省专用水文测站所有测验要素全面使用平台开展无纸化记载。宁夏回族自治区对水文业务系统进行结构性重塑，充分发挥"数据枢纽"作用，实现站网管理、人工录入计算、在线数据质量控制、数据资料合理性检查、资料整编等模块高度集成，打造全流程一体化业务系统。新疆维吾尔自治区以水文综合业务管理平台为抓手，推进数据资源整合，提升水文测报质量，强化数据分析和处理能力，水文门户系统集成了水情报汛系统、站网管理与资料整编系统、统一接收系统、OA办公系统，得到较好应用。湖南、广东、广西、四川、贵州等省（自治区）在水文监测综合管理、站网管理等方面，信息化、智能化水平进一步提升。

专栏7

北京水文全力推进灾后水文监测能力恢复和提升工程建设

北京水文高度重视"23·7"灾后水文能力恢复提升工程建设，成立项目法人，编制灾后恢复重建专项规划，以北京速度全力推进水文监测感知体系快速从蓝图变为现实。

超前谋划。按照北京市委市政府"一年基本恢复、三年全面提升、长远高质量发展"的目标，谋划项目超4.5亿元，并积极争取部门支持，充分利用项目可研批复到计划下达前的空当，及时完成招标前期准备，提早打通工作堵点，利用绿通等相关政策，高效推动项目开工，从立项到开工，仅耗时2个多月时间。

优质高效。从开工到完成建设支付，仅耗时8个多月时间，完成了127处水文监测断面、水文站、雨量站、墒情站等水文设施水毁修复，完成409处水文站和水文相关设施建设的功能提升和提档升级。按照施工计划压茬推进，组织监理、造价咨询单位对工程量审核、确认，保障资金高效使用。

全面提升。项目建设完成后，全市水文站、一般水文站、专用水文站的防洪及测洪能力得到大幅度提升，重要水文站和对防汛有重要

卢沟桥水文站测流堰施工现场

水利部水文司调研北京灾后水毁修复提升工程进度

水利部部长李国英调研北京陇驾庄水文站

作用的水文站高于100年一遇，同时不低于有实测记录发生的最大洪水，一般水文站及专用水文站达到50～100年一遇；水文站网更加完善，实现了流域面积30km²以上的河流全覆盖；监测要素更加全面；数据采集、传输更加安全可靠。

专栏8

安徽推进水文测站标准化管理，持续推进智慧水文建设

全面推进水文测站标准化管理。进一步完善评价标准和评价办法，统一标识标牌，制定《水文站（队）标准化管理督查指导手册》，建立水文测站标准化管理督查工作"分片包干"机制，完成所有基本水文站标准化管理工作的全面督查。开展安徽省水文测站标准化建设专题研究，编制安徽省水文测站标准化建设专题研究报告、典型设计图册。

全面深化水文巡测改革。在试点开展33个测区巡测改革的基础上，省水文局出台《关于进一步深化水文巡测改革指导意见》，明确提出"全面巡测、高水驻测、应急补充"的改革要求，优化人力资源配置，着力解决基层测站人才"招不进、留不住"等难题。

持续推进智慧水文建设。在全国率先完成省级智慧水文建设规划，推进"一张水文专用网、一个水文数据中心、一个水文应用平台、一个综合服务门户、一张水文专题图、一个安全防护体系"等"六个一"建设，目前已完成智慧水文门户框架搭建。依托数字孪生水网建设，以及涉水工程补救等，在滁河、池河防洪治理项目中安排水文预报模型等相关建设任务，落实资金3500万元推进全省站网智能管理平台建设、站网可视化平台建设，已落实资金并完成需求报告，站网管理信息化建设和应用水平持续提升。

第五部分 水文监测管理篇

2024年，全国水文系统立足防大汛、测大洪，坚持"预"字当先、"实"字托底，充分发挥雨水情监测预报"三道防线"作用，加强"四预"措施，不断延伸水文监测广度，提高洪水预报预警精准度，为水旱灾害防御工作提供了有力的水文支撑。

一、水文测报管理

1. 抓实抓细汛前准备

2024年水文工作会议强调抓实抓细汛前准备工作。2月4日，水利部办公厅印发《关于切实做好2024年水文测报汛前准备工作的通知》，指导各地加强组织领导，抓好水毁修复与装备维护，推进技术升级，完善预案方案，强化培训演练，做好安全生产。主汛期前，水利部水文司组织专题调研珠江、海河、松辽等流域水文测报工作，督促指导地方强化"四预"措施，并以办公厅文件印发加强汛期洪水水文测报工作的通知，组织指导各地开展洪水过程精密监测，切实保障洪水编号信息及时、准确发布。

各地水文部门深入贯彻落实水利部工作部署，认真组织开展汛前检查与设施修复，做好缆道、测船、桥测车等重要装备运行维护，检定维保流速仪、雨量计、声学多普勒流速剖面仪（Acoustic Doppler Current Profiler，ADCP）等仪器设备，排查生产环境隐患，配齐备品备件，制修订洪水测报方案预案，共制修订水文测站超标准洪水预案3600余个、洪水预报方案3800余套，有效提升了应对超标准洪水的能力。

2. 加强水文测报管理

水利部水文司及时启动汛期工作机制，适时召开全国水文测报工作视频会，安排部署主汛期雨水情监测预报预警工作，指导各级水文部门积极探索雨水情监测预报"三道防线"应用范围，不断延伸水文监测广度，提高洪水预报预警精准度。

长江委开发智慧水文监测系统（WISH系统），通过"测—算—报—整—管—服"全流程在线一体化，实现对整个站网数据的集中管理、存储、查询和实时分析。黄委提前部署、落实分工，明确不同等级洪水测报职责。淮委通过视频监控等手段，实时掌握水势、设施运行状况等。海委开展"水文测报能力提升年"活动，重点围绕水文现代化建设、测站管理、"四预"能力提升和水文应急监测等四个方面制定实施方案，研提具体举措。北京市对全市水文站和水文监测设施建立"一站一码"数据台账清单和设备整合清单。天津市压实工作责任制，督促测站完成"四随"工作，严控测验工作做到"时清日结"。江西省印发《全省防汛抗旱水文测报"四级责任人"工作职责及名单的通知》。广西壮族自治区采取"五步工作法"做好水文测报汛前准备工作。宁夏回族自治区梳理洪水演进规律、规划站点名录、绘制雨水情监测分布示意图等。

3. 强化安全生产管理

水利部水文司深入学习习近平总书记关于安全生产重要论述精神，组织指导水文系统深入贯彻"三管三必须"要求和"党政同责、一岗双责、齐抓共管、失职追责"责任制，认真落实《水利系统安全生产治本攻坚三年行动方案（2024—2026年）》和《水利部安全生产治本攻坚三年行动2024年重点任务分工方案》，结合分工任务，聚焦水文基建项目、水文测报和水质监测、水文测报现代化等重点领域，通过会议、通知、电话等方式，多措并举，督促指导全行业持续加强水文监测安全生产工作。各地聚焦"六项机制"落地见效，扎实推进消防安全集中除患攻坚大整治行动、安全生产治本攻坚三年行动2024年重点工作、安全生产月活动等专项行动严格落实各项安全生产防范机制，提升精准防控能力；组织开展应急演练，开展安全生产教育，落实处置机制，提升风险化解能力。内蒙古自治区实行"一分中心一清单"制度，跟踪推进问题整改。江苏省编制的《水文监测单位安全生产标准化建设指导手册》正式出版。

二、水文应急监测

1. 完善水文应急测报制度

水利部水文司积极落实《水利部重大水旱灾害事件调度指挥机制》要求，制定印发《重大水旱灾害事件水文应急测报工作要求（试行）》《水文司重大水旱灾害事件水文应急测报工作机制（试行）》，组织研发部署水文应急监测信息报送平台，健全水文系统应急测报工作机制，有力提升重大水旱灾害事件水文应急测报支撑能力。

各地水文部门组建或成立水文应急监测队伍（或测洪预备队），配备各类应急监测设施设备，开展重大水旱灾害事件应急监测，做到"应测尽测、应报尽报、随测随报"。海委总结海河"23·7"流域性特大洪水应急测报经验，完善水文应急监测规章制度体系，正式确立海委水文"1+4"应急监测队伍体系。北京市编制《水文应急巡测队工作方案》。辽宁省提前落实五个测报责任人，完善预置人员、卫星电话等设备和临时断面布设方案。江西省制定全省水文应急监测队应急装备统一标准。四川省完善全省应急监测队伍，新增新型监测设备，基本完成"空天地"水文应急监测体系的构建；修订《四川省水旱灾害水文应急测报预案》《四川省水旱灾害防御预报预警管理办法》，印发《四川省水文水资源勘测中心抗震救灾水文应急测报工作方案》。云南省将全省划分为六大片区，实行片区内各州（市）互援、省级驰援制度。陕西省修订完善《陕西水文水资源勘测中心应急监测队管理办法》《陕西水文水资源勘测中心应急监测预案》《应急监测实施方案》。

2. 开展水文应急监测演练培训

各地水文部门从应对流域和区域大洪水的实战角度出发，开展水文应急监测演练 1800 多场，参与人员超 14000 人次，全面检验水文职工对突发水事件的应急处置能力；举办各类水文测报业务培训超 1400 期，培训人员近 17000 人次，着力提升测报人员的实战能力和业务水平。

长江委在朱沱水文站模拟受四川、重庆大面积持续强降雨影响，流域发生超标准洪水，两艘测船故障，海事封航情形，采用传统手段和现代智能技术，架构起水上、陆上、空中"三位一体"阵容，开展年度超标准洪水应急演练。黄委充分利用无人船、无人机、岸基侧扫雷达、移动应急视频监控等新技术新装备，完成水位、流量等水文要素的应急监测演练（图 5-1）。海委组织京津冀鲁豫五省（直辖市）水文应急监测联合演练和委直属各管理局"两不两直"水文应急监测实战性拉练，提升水文应急监测协同和实战能力。珠江委首次联合珠江流域片八省区水文部门开展"无剧本"应急监测演练。松辽委分别同黑龙江、内蒙古和辽宁三省（自治区）水文局举行水文应急监测联合演练与"力争实现西辽河干流全线过流"水文应急监测联合演练。太湖局组织两中心及福建联合开展无脚本实战实景应急监测演练和 2024 年长三角一体化示范区水文水生态协同应急监测演练。

图 5-1 黄委水文局水文应急监测演练

3. 做好水文应急测报

面对湖南团洲垸堤防决口、陕西柞水高速公路桥梁垮塌、湖南涓水溃口等突发重大水旱灾害事件，水文部门按照水利部水旱灾害防御专题会商工作部署，迅速启动水文应急测报机制，有力服务水旱灾害防御调度处置工作。

长江委、湖南省水文应急监测队第一时间奔赴岳阳市华容县团洲垸决口险情一线，开展应急水文监测（专栏9），同时搭建与前方应急监测队的信息沟通机制，通过多水文要素现场应急监测、水情预报与调度滚动分析、决口发展与洪水演进复盘，以76小时内200余条"新鲜、准确"的监测数据，为团洲垸堤防决口处置和决策部署提供强有力的水文技术支撑（图5-2）。广东省在北江特大洪水及西江洪水期间，连续奋战二十多天抢测洪水，测报突击队挺进韶关市江湾镇灾区设立临时监测站，为江湾镇后续暴雨防御和抢险救灾提供了有力支撑。陕西省在"7·19"柞水县金钱河高速桥梁垮塌事件发生后，于7月20日凌晨派出应急监测队和洪水调查小组赶赴现场开展水文应急监测和洪水调查，为事故调查提供技术支撑。辽宁省在"8·19"特大暴雨事件中，六股河杨树湾水文站工作人员坚守岗位，利用唯一的卫星电话架起葫芦岛市通信中断地区与外界联络的水文信息桥梁；同时，组建4支共15人的应急监测队伍开展洪水调查，进一步确定暴雨中心和洪水量级。

图5-2 长江委水文局参与团洲垸险情处置应急监测

> **专栏 9**
>
> **岳阳华容团洲垸应急监测**
>
> 7月5日16时许，岳阳市华容县团洲垸洞庭湖一线堤防发生管涌险情，17时48分许，紧急封堵失败后堤坝决堤。湖南省水文应急监测队接到省水文中心的应急监测命令后，19时40分队伍集结完毕从省水利厅出发，于23时30分抵达团洲垸二门闸附近位置。由于进入溃口道路堵塞，车辆暂无法进入，队员手提肩扛带上必要装备，6日0时52分抵达溃口位置，并立即开展水文应急监测工作。从6日1时30分至8日23时，向厅办公室、水旱灾害防御事务中心共计报送水位数据70条，溃口宽度数据47条，流量数据11条（其中4条借用自长江委）；向省水文中心水情信息部共发送图片73张、视频8条；接受新华社、湖南经视、中国水利报、新京报等媒体采访，其中湖南经视采访后当天晚上在晚间新闻时段进行播出。

三、水文测量

1. 重点河道、湖库地形测量工作

全国水文系统积极开展水文站大断面和重要断面河道地形测量工作，全年共完成水文站大断面测量7000余处，河道地形测量河段1800多个，河长近5000km，面积超9500km^2，为洪水预报和数字孪生流域建设提供坚实的算据支撑。

长江委完成20处水文站测流断面上下游河道地形观测，开展了陆水水库、鄱阳湖（松门山以北）水道地形测量及汉江（丹江口—仙桃）河段河道地形观测；充分利用低空摄影测量、机载激光雷达、多波束测深系统等现代化技术，为数字孪生三峡、数字孪生汉江等具有"四预"功能的长江流域数字孪

生建设提供了高分辨率广域水道数据底板，详细地掌握了河道冲淤和河势变化。黄委对兰州等23处水文站上下游河道和小浪底库区等9个河段开展地形测量，取得相关河段数字高程模型（DEM）、数字正射影像（DOM）、数字线画地图（DLG）等成果，应用于数字孪生黄河数据底板建设。淮委开展淮干王家坝—蚌埠等河段岸上及水下地形测量，成果运用于超标洪水防御能力提升。海委完成潘大岳3座大型水库、21处水文测站断面上下游河段、漳河干流及大清河系17个重点河段的地形测量工作。珠江委运用测深仪、无人船搭载多波束测深系统、机载激光雷达等仪器设备，完成800余km河道地形精细测量。松辽委采用机载雷达、单波束测深仪结合无人船设备、五镜头倾斜相机等完成察尔森水库库区等河段库区河段地形测量工作，获取高精度水上水下地形数据，生成DOM、DEM、DLG等测绘产品。太湖局采用了无人机机载雷达、单波束及多波束测深系统、GNSS-RTK等先进技术装备和方法，对太湖湖滨带及太浦闸等9处水文站上下游河段开展测量，成果运用于模型完善和数字孪生流域建设。

河北省完成44站断面上下游3km范围内的倾斜摄影和正射点云采集，支撑水文站智慧平台建设。辽宁省对流域面积$50 \sim 200km^2$，616条河流进行梳理，测量断面573站，汇编断面特性。吉林省采用无人机载激光雷达测量岸上部分、遥控船载测深仪测量水下部分，结合GNSS，完成13处重点河道水文预报站河道地形测量工作。湖北省对19条河流、425个水库和梁子湖湖区开展了地形测量，相关成果应用于山洪灾害预警、小型水库基础信息复核、梁子湖湖泊管理规划修编等项目。四川省采用无人机航空摄影测量、无人船水下测量、RTK动态测量等技术和方法，开展青衣江部分河段及部分库区、水文站地形测量，地形图、DEM、DOM、三维数字模型、LAS点云等相关成果应用于绘制测站地形图、数字孪生水文站建设等场景。贵州省对全省11处水文站河道进行了地形测量，并建立了数字水文站数据底板，为数字孪生流域的研发奠定了基础。

2. 流域（片）水文测站水准高程统一测量

各流域管理机构及所负责流域（片）内各省积极开展水文（位）站水准高程统一测量工作。长江委组织开展所辖全部水文测站以及湖南、湖北、江西、重庆等省（直辖市）属于长江流域的部分水文测站统一高程测量工作，共完成 429 处测站高程联测工作，累计完成三等水准观测 14033km、过河水准 42 处、GNSS 高程测量 12 站次。海委首次在漳卫河系开展汛期统一高程报汛工作。河北省全面普查 774 处水文站和 939 座小水库水准点，完成水文报汛站 85 高程基准测量。内蒙古自治区完成松辽、海河、黄河、内陆河湖流域国家基本水文站 1985 国家高程基准引测外业工作。江苏省提前做好 2025 年全省水准复测考证工作前置准备。湖北省所辖 93 处国家基本水文站和 42 处基本水位站已全部实现 1985 国家高程基准统一。宁夏回族自治区实现全区水文站点高程基准统一。

第六部分 水文情报预报篇

2024年，我国江河洪水南北齐发、早发多发，大江大河发生26次编号洪水，1321条河流发生超警以上洪水、67条河流发生有实测资料以来最大洪水，重大水旱灾害事件发生多，西南冬春连旱，华北黄淮夏旱突出，水旱灾害防御形势异常复杂严峻。全国水文系统坚决贯彻习近平总书记关于防灾减灾救灾的重要指示批示精神，按照党中央、国务院决策部署，坚持人民至上、生命至上，树牢底线思维、极限思维，全力以赴支撑水旱灾害防御工作的全面胜利。

一、水情气象服务工作

1. 持续强化信息报送管理工作

2024年，各地积极落实报汛报旱任务，强化水库信息、统计类信息以及预报成果报送，加强报送信息的质量管理，雨水情信息报送能力和信息共享总量进一步提高。各地向水利部报汛站点增至15.5万个，较2023年增加2.1万个，报送信息量16.3亿条。雨水情分析材料日益丰富，各地向水利部报送雨水情分析材料10457份，其中旬报、月报、年报等阶段性材料472份，材料质量明显提高。

长江委全年共接收长江流域水情信息首次突破了7亿条，约5万站点报汛信息实时汇集，15个水情分中心实现数据接收—处理—分发全链路闭环（图6-1）。黄委实现报汛零差错。辽宁省实现小（1）型以上水库全年报送水情信息，其中汛期每日报送（主汛期一日三报），大中型水库及水文站在大洪水关键时期每1小时加报1次水情信息。江苏省地表水基本站、中小河流站、径流小区站、小水库站、重点塘坝站全面开展报汛，报汛站数较去年增加1532站。广西壮族自治区在及时编写水情信息服务专报报送各级党委、政府及防汛部门，得到领导充分肯定和社会认可，自治区党委主要领导多次作出批示。重庆市优化遥测数据处理，数据流转耗时由原20分钟缩短至10分钟。

图6-1　15个水情分中心实现数据接收—处理—分发全链路闭环

2. 预报精细化水平和精准度提升

全国水文系统遵循暴雨洪水形成演进规律，绷紧"降雨—产流—汇流—演进"链条，精准预测预报洪水趋势。水利部信息中心强化短期降水预报，加密每日降水预报作业次数至3次；首次开展台风残余环流影响预报，印发《台风残余环流及降雨洪水预报工作机制（试行）》，提前1天准确预报台风"潭美"残余环流对海南造成的强降雨；超前准确预报大江大河26次编号洪水，提前2天准确预报北江将发生超50年一遇特大洪水，提前1周准确预报长江中下游干流将全线超警，提前1天准确预报淮河正阳关站洪峰水位将达25.20m（实际25.17m）；首次以流域为单元开展界河预报，提前1周准确预报乌苏里江将全线超保，提前24小时预报鸭绿江水丰水库水位将接近126m（实际125.91m）且超过125m历时将达60小时（实际开启非常溢洪道为39小时）；首次开展冰凌及冰湖预报，提前1天准确预测2023年黄河内蒙古河段首封位置、时间及封河发展趋势，提前 10 天准确预测阿克苏河上游麦兹巴赫冰川堰塞湖溃决演进至协合拉站的洪峰流量；首次开展咸潮及风暴潮预报，研发长江口、珠江口咸潮及风暴潮预报系统，对河口区及近海盐度、风暴潮等要素开展预报，在台风"摩羯""贝碧嘉""普拉桑"等影响期间投入实战并取得良好效果。

各地基本形成汛期、盛夏、"七下八上"、秋季、今冬明春等趋势预测业务应用体系。水利部信息中心组织 7 次水利系统中长期雨水情预测会商，首次开展"龙舟水"预测，主汛期预测总体把握中东部降水偏多趋势。长江委在长江 3 次编号洪水及汉江编号洪水期间，精准预报支撑水库群调度，拦蓄洪水近 300 亿 m^3，通过拦洪错峰削峰调度，有效降低中下游洪峰水位，避免了城陵矶附近地区蓄滞洪区、杜家台蓄滞洪区分洪道分流运用和汉江中下游、东荆河洲滩民垸行洪运用；开展强降雨叫应提醒 561 期，为暴雨洪水应对争取关键"提前量"。淮委提前精准预报王家坝站、班台站洪峰流量和洪泽湖最高水位。海委初步构建了"云雨水"全过程监测预报体系。珠江委提前 48 小时预报北江发生特大洪水，提前 6 小时预报汀江棉花滩水库出现超百年一遇洪水，提前 11 小时预报桂江桂林站发生超历史洪水，提前 24 小时预报万泉河下游发生超保洪水，关键期各场次洪水预报精度超过 95%。太湖局太湖水位预报合格率达 93.4%。

北京市在永定河官厅山峡试点建设完成世界一流的现代化雨水情监测预报"三道防线"体系，建立"长期展望、中期预测、短期预报、短临预报"迭代式、渐进式预报模式。河北省、新疆维吾尔自治区汛期持续深化 3 天预报、3 天预测、3 天展望"三个 3 天"的预测预报模式；河北省率先将"依据预报成果发布预警"写入《唐山市洪水预警发布管理办法（试行）》。辽宁省编制印发《辽宁省水文系统洪水预警作业规则（试行）》开展基于陆气耦合的河库联合预报调度工作，取得显著成效（专栏 10）。上海市在台风期间，提前 72 小时、48 小时、24 小时、12 小时、6 小时滚动预测预报，台风登陆前 2 小时开展短临预报，及时发布预报成果。江苏省在 2024 年淮河 1 号洪水期间，提前 1 周预报洪泽湖入湖洪峰流量为 11000～12000m³/s（实测 11590m³/s）。浙江省在第二轮梅雨洪水期间提前 20 小时精准预报兰溪站洪峰流量 10000m³/s，提前 18 小时精准预报富春江水库洪峰流量 16000m³/s。安徽省 7 月上中旬提前 5 天预报淮河干流王家坝水位将超警。福建省出台《福建省洪水预报工作管理办法》，明确省市职责，规范洪水预报、会商、成果发布等工作；在"6·9"持续暴雨洪水过程中提前预报水库洪峰，得到省防汛抗旱指挥部、南平市政府高度肯定和表扬。江西省较近五年平均预报精准度提升 6%，预报精准度达 93%。山东省深入分析大汶河干支流产汇流过程，多模型演算大汶河流域洪水演进过程，提前 35 小时预报提出东平湖水位最高涨至 41.60m（实测最高水位 41.60m），预报精度达到创历史的 100%。湖北省开展 1～3 天洪水滚动预报和 3～10 天的水情预估工作。广东省大江大河洪水预报关键期预报精度达 98% 以上，预见期最长达 4 天；中小河流洪水预报已基本实现提前 3 天以上发布重要水情趋势预警，提前 4～18 小时发布洪峰预报；在台风"万宜"影响期间，提前 3 天预报将出现略超警戒的高潮位，为沿海地区居民和防范工作争取充足应对时间；北江第 2 号洪水期间，精准预报石角站将出现 19500m³/s 的洪峰流量（实测 19400m³/s）。重庆市在"7·8"特大暴雨期间，提前 15 小时准确升级琼江洪水橙色预警。贵州省提前 10.5 小时准确预报岑巩县城区河段洪峰水位将超保证水位 2.5m（实测超保证水位 2.53m）。陕西省提前 10.5 小时准确预报汉江石泉水库入库流量 7500m³/s（实测 7520m³/s）。宁夏回族自治区在 7 月 22 日至 23 日中南部极端暴雨天气中提前 3 小时准确预报泾河源站洪峰流量。

专栏 10

辽宁基于陆气耦合的河库联合预报调度工作成效显著

辽宁通过共享接入省气象台未来 3 日降水预报数据，集成大伙房、新安江、陕北等 10 类模型，建立河库联合洪水预报模型平台及河系尺度预报技术，对全省 101 处河道水文站洪峰流量、洪水过程，113 座大中型水库站入库洪峰、入库洪水过程、最高库水位等要素进行预报，第一时间提供省防指决策指挥，并抄送各市防办，这类方式较以往预报方式预见期平均提前 1～3 天，预报精度平均提升 5%。尤其在 2024 年鸭绿江特大暴雨洪水期间，以云峰水库、桓仁水库等为控制节点进行洪水推演，提前 8 小时准确预测水丰水库达到副坝启用控制水位（125.0m）的时间，与实际发生时间仅差 1 小时；提前 21 小时准确预测水丰水库最高水位，与实际相差 0.07m。在辽河洪水期间，优化清河、柴河水库调度方案，实现了铁岭站不超警戒，避免了辽河发生编号洪水的风险。

3. 深入开展水情预警发布

全国水文系统继续加强水情预警发布制度建设，拓展预警发布范围，强化预警信息时效性，水情预警公共服务全面推进。按照李国英部长关于精准预警的要求，通过短信、蓝信、互联网等方式自动发送预警短信 85695 条，覆盖 5866 座病险水库、13835 个责任人，有效提高预警信息直达一线的精准度和时效性。

2024 年，全国水文系统向社会发布洪水预警 4303 次，其中红色预警 114 次、橙色预警 384 次、黄色预警 1199 次、蓝色预警 2606 次；发布干旱预警 108 次，其中红色预警 8 次、橙色预警 9 次、黄色预警 50 次、蓝色预警 41 次（图 6-2）。河北、安徽、湖南、四川、陕西等省强化水利测雨雷达应用，实现未来 1～2 小时分钟级精细化降雨预报和乡镇级临近暴雨自动预警，累计发布乡镇级临近暴雨自动预警 3470 条，预警乡镇 33831 个次，信息直达 43.1 万人次。

长江委全年支撑防御会商 120 余次，切实保障以三峡水库为核心的 53 座

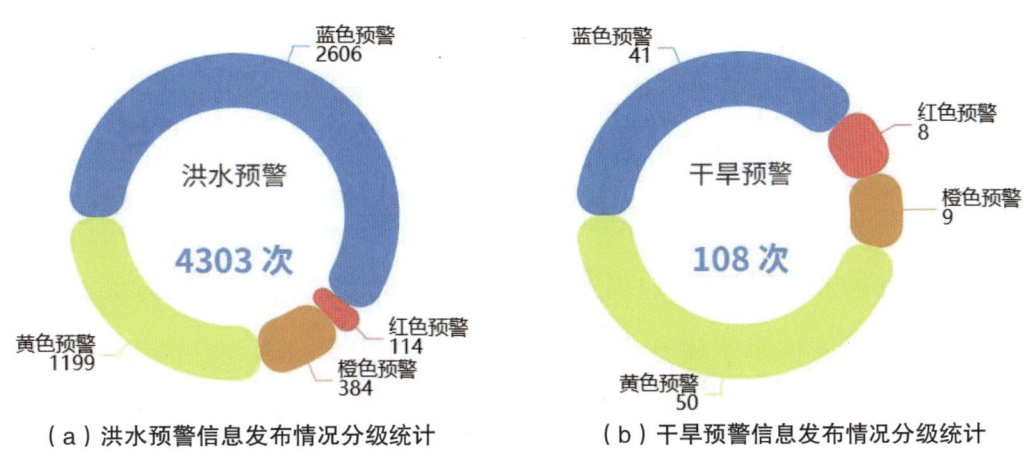

（a）洪水预警信息发布情况分级统计　　（b）干旱预警信息发布情况分级统计

图 6-2　全国预警信息发布情况统计图

流域控制性水库拦蓄洪水 300 亿 m^3。安徽省开发洪水预警电话叫应智能外呼系统，对实时预报河湖将发生超警戒及以上洪水时开展电话叫应。江西省在 6 月 11—13 日强降雨过程中，分别提前 6 小时、8 小时发布黎川河、芦河中小河流预警，黎川县、南城县提前转移 200 余人。广东省在北江第 2 号洪水期间，提前 17 小时发布连江高道站洪水红色预警信号，及时提醒英德市组织大湾镇、浛洸镇等临灾地区 2 万余人员转移。陕西省在北洛河 1994 年以来最大洪水过程中，提前 4 小时发布北洛河刘家河段洪水蓝色预警，提前 18 小时发布北洛河中下游洪水蓝色预警，为渭南市启动应急响应、转移人民群众赢得了时间。

4. 抗旱保供服务

长江委编制《长江干旱预警发布实施方案》，滚动监视、动态预警长江流域旱警水位，汛后长江流域控制性水库群最大蓄水量 875 亿 m^3，为满足冬春供水、生态、发电、航运、灌溉等用水需求提供有力保障。淮委集成南水北调东线沿线泵站调水监测流量，增加各级泵站调水统计功能，为科学调度水资源提供支撑。海委积极开展永定河及水源地水库径流预测、今冬明春降雨及来水预测等相关工作，为南水北调中线一期工程、永定河生态补水、漳河年度水资源调度计划等工作提供技术支撑。珠江委提早开展后汛期及枯水期雨水情分析预测，西江四座骨干水库有效蓄水量较多年同期（10月1日）多蓄21.14亿m^3，为顺利实施第20次保障澳门供水安全数量调度奠定了坚实的水量基础。太湖局在望虞河、新孟河引江济太调水期间，密切关注太浦河沿线蓝藻、锑浓度等变化情况，根据《太浦河水资源保护省际协作机制》及时发出预警，强化分析预演，避免了可能发生的太浦河锑浓度异常事件。黑龙江省按旬统计分析99座有灌溉任务的大中型水库蓄水情况，为省防指协调水库调度提供了支撑，保障了下游供水、春耕需要。浙江省开展的"水利部旱情监测预警综合平台试点旱情试点项目"通过水利部验收，开发贯通省市县三级的旱情综合分析数字化应用模块，密切监视局部旱情发展。陕西省编发《陕西省水文水资源勘测中心关于进一步加强全省干旱防御Ⅳ级应急响应期间水文测报工作的通知》，加密加测加报墒情信息，加强旱情趋势会商研判。云南省定期提交《云南省能源供应保障水情专报》《云南省主要河湖生态流量预警简报》《云南省九大高原湖泊水资源量分析预测》等各类信息，相关分析研究材料已成为全省防汛抗旱会商的主要技术依据材料之一。

二、水情业务管理工作

1. 水情业务工作持续加强

2024年3月，水利部召开水情工作视频会议，明确坚持"人民至上、生命至上"，锚定"四不"目标，加强监测预报信息协同共享，完善中长期趋势预测体系，推进水利测雨雷达试点应用，强化防洪抗旱"四预"能力，拓宽水情服务领域，提升水情行业服务水平，加强党建引领。

各地认真开展水文（位）站和重点河湖特征水位核定工作；开展相关培训、跟班学习和演练，提高预报业务水平。淮委、吉林、黑龙江、安徽、河南、湖北、四川、云南、西藏等流域和省（自治区）不断完善预报机制和责任体系。长江委、黄委、海委、珠江委、松辽委和天津、山西、江苏、福建、湖北、湖南、广东、重庆、云南等流域和省（直辖市）构建水文预报预警系统平台，不断完善数字孪生流域建设，持续强化"四预"能力。太湖局、黑龙江省建立水文首席预报员选拔管理制度。天津、浙江、广东等省（直辖市）深化跨部门、跨地域的水文监测预报业务合作和科学研究。辽宁、吉林、陕西等省实现主要江河和重要中小河流预报全覆盖。广西、贵州、陕西等省（自治区）构建递进式水文预报服务产品，扩大水文信息主动服务面。河北省对全省雨水情信息大站网进行梳理统一。江西省强化雨水情监测预报"三道防线"实战应用（专栏11）。新疆兵团完成16个试点小流域治理单元"四预"能力建设。

> **专栏11**
>
> **江西强化雨水情监测预报"三道防线"实战应用**
>
> 水利部部长李国英在渡峰坑水文站调研时，对江西省在"三道防线"建设方面的突出表现和投入实战应用的创新举措给予"理解到位、行动有力、初见成效"高度评价。利用测雨雷达数据编发《"第一道防线"预估预警专报》6期，将中小河流预警的预见期提前1~2小时；提前3~7小时发布信江及乐安河的中小河流预警，德兴市紧急转移避险134人，人员无伤亡，充分发挥"三道防线"作用。充分发挥"3310"水文情势预报服务机制作用，严格按照强降雨防御"动员部署、会商研判、预置监测、预报预警、总结提高"五个环节，在应对全年11场强降雨过程中，召开强降雨过程动员部署会8次，各级水文部门有序有力做好值班值守、雨水情研判、监测预报预警、水工程调度支撑等各项工作。确定了全省100个县（市、区）水情技术负责人，汛期共有21个大队在防汛应急期间与地方水利或应急部门共同办公，在6县（市、区）担任地方防指副指挥长，在52县（市、区）担任地方防指成员，在89县（市、区）列入防指成员单位。完成鄱阳湖流域预报调度一体化建设。

2. 社会服务及时高效

2024年,各地共报送15.5万个站点实时雨水情信息16.3亿条,制作发布4389断面作业预报75.45万次,累计发布气象卫星、天气雷达、测雨雷达等短临暴雨预警12121次,向社会公众发布水情预警4411条;统筹数十颗多源卫星资源,开展应急遥感监测189次,接收处理1210景近2TB卫星遥感影像,编制145期遥感监测报告;汇集618个无人机航摄数据文件;首次共享"雪亮工程"200多万处及中国铁塔视联平台5万路视频监控资源;在湖南团洲垸、陕西金钱河、吉林蛤蟆河等地开展应急监测20余处;开展203次洪水预演分析,为各级政府防汛抗旱指挥决策和社会公众防灾减灾避险提供了有力支撑。

海委和江苏、湖南、广东、海南等流域和省通过公众号、手机App、微信小程序、突发事件预警信息发布系统等方式推送雨水情信息,为社会公众防灾避险提供专业指引。松辽委、太湖局和辽宁、黑龙江、江西、云南、新疆等流域和省(自治区)积极开展水文预报,为引调水、河湖水库拦洪调度、水系行洪排涝、生态输水等业务和能源、工程建设等行业的洪水防御工作提供优质服务。福建、湖北、贵州、云南、宁夏等省(自治区)向当地政府发送洪水预警信息,为地方政府防汛减灾决策制定部署、组织群众及时避险转移提供有效支撑。

第七部分
水资源监测与评价篇

2024年，全国水文系统进一步落实水利部关于新阶段水利高质量发展工作部署要求，齐心协力，担当作为，不断加强水文监测工作，提升分析评价水平，提高服务保障能力，为实行最严格水资源管理制度和推进生态文明建设提供了有力的技术支撑。

一、水资源监测与信息服务

1. 生态流量、行政区界、重点区域水资源监测

2024年4月，水利部办公厅印发《关于下达2024年全国重点河湖生态流量监测任务书的通知》，规范河湖生态流量监测和信息报送，组织对全国171个重点河湖281个生态流量保障目标控制断面开展生态流量监测和分析评价工作，编制《全国重点河湖生态流量保障目标控制断面监测信息通报》12期供政府决策使用；组织开展全国河湖生态流量监测预警应用典型案例征集；加强生态流量每日实时监测信息收集分析，完善全国重点河湖生态流量监测预警系统，每日发送生态流量监测预警信息，2024年累计发送生态流量预警信息1851条（其中红色预警985条），为重点河湖生态流量管控与水资源调度等提供技术支撑。

各地水文部门切实做好生态流量监测预警工作。珠江委全年共发布生态流量预警365次，编制珠江流域生态流量监管周报短信和12期月报、4期季报，滚动分析流域逐月降雨和来水实况和次月雨水情预测情况，评价生态流量保障断面达标情况，提出流域生态流量调度保障工作建议。吉林省对19处省界断

面和重点河湖生态流量涉及的 10 条河流 11 个水文测站加强水文监测分析，发布生态流量预警信息 14 次，及时组织开展洮儿河、拉林河生态流量加密监测，实地勘查区间工程修筑与取水等情况，为保护河流生态提供技术支撑。浙江省坚持"超前布局、因地制宜、系统建设、数字变革"理念，谋划建设全省集水面积 $200km^2$ 以上河流全覆盖的现代化生态流量监测网，截至 2024 年年底全省完成 538 个生态流量断面的前期调研和选址等工作；按照水文站全要素全量程全自动监测要求和"一站一策"编制生态流量全量程测验方案，第一批省重点生态流量监测断面全部实现自动监测。山东省在大汶河戴村坝水文站控制断面低于设定的生态流量预警阈值、省厅连续发布大汶河流域生态流量蓝色预警和橙色预警期间，厅主要负责人亲自安排部署调度，连续 3 个多月加密测报，每天多次报送各监测断面水情信息，按小时预测预报，提出调度建议，为生态水量（流量）全部达标提供技术支撑。湖南省根据《湖南省生态流量监测预警工作方案》，完善省、市、测站三级联动、多部门协作的工作机制，对全省 20 条重点河流 40 个控制断面开展生态流量监测预警和信息报送，加密枯水期重点河湖控制断面监测频次，提升低枯水水量监测预报能力，实现水文资料整编日清月结，提高生态流量监测数据质量，全年共发布 37 期生态流量预警，编发 12 期生态流量监测通报。贵州省对 43 条省级重点河湖 137 个监控断面开展生态流量监控，依托生态流量管控平台进行实时监控，全年共预警 1835 次；按季度编写了乌江、牛栏江横江等流域国家级生态流量考核断面监控分析报告；建设生态流量预报调度模块并以潕阳河流域为试点，优化工程泄蓄过程提升生态流量保障率，实现从"事后处置"到"事前处置"转变；根据需要开展生态流量监控断面流量频率分析，全年达 80 余站次，为生态流量管控提供技术支撑。

为切实做好行政区界水资源监测分析，各地水文部门按照《水利部办公厅关于下达 2024 年省界和重要控制断面水文监测任务书的通知》要求，对 532 个省界断面和 364 个重要控制断面开展监测和分析评价，重点围绕水利部已批复的跨省江河流域水量分配控制断面，组织编制《全国省界和重要控制断面水文水资源监测信息通报》12期。黄委持续开展黄河流域13条重点河流33个主要控制断面水资源监测及通报编制，为满足跨省河流水量调度，实行最严格水资源管理提供有力支撑。海委常态化开展流域176处省界、重要控制断面监督性监测复核，支撑流域10条已批复分配方案的跨省河流水量分配工作。内蒙古自治区对16条河流、3个湖泊共24个重要控制断面生态流量（水量、水位、水面面积）达标情况、1个湖泊的水面面积稳定情况以及11条跨界河流水量分配方案中的18个主要控制断面下泄水量加强监测和分析评价。上海市利用省市边界水文水质监测站网18条主要河流监测数据，编制《上海市省市边界来水监测月报》12期，分析水量、水质类别以及污染物通量情况。江苏省开展市际河湖水系、监测站点设置、水利工程调度、水资源开发利用等基础资料收集整理，梳理现有区域或站点水量分析方法，完成全省市际进出水量分析方案编制，做好市际进出水量分析评价。重庆市按照《重庆市水利局关于做好2024年重要控制断面水文监测数据报送和质量管理工作的通知》要求，完成市级及区县共49个省界及重要控制断面的水量水质监测及数据整理报送任务。四川省91个生态流量考核断面、48个水量分配管控断面、206个水资源调度管控断面、4078个重点取水计量站实现在线监测，共计发布5期水资源管理月报和18期枯期水量监测工作简报，对全省32条重要江河108个市（州）县（区）行政交界断面进行水量监测评价，发布6期水量监测专报，有效支撑四川水资源管理和河湖长制管理等工作。

为持续推动重点区域水资源监测分析，水利部办公厅印发《2024年西辽河流域水文监测分析方案》，组织松辽委和内蒙古、辽宁、吉林等流域和省（自治区）水文部门开展监测分析，明确西辽河干流河道地形测量及水动力学模型建立有关任务，并采用长中短期预测相结合的方式开展西辽河断面来水预报分析，建立监测信息报送机制，编制《西辽河流域水文水资源监测通报》，助力西辽河水量调度再现新成效。内蒙古自治区加强黑河关键期水量调度技术服务，在集中调度前期，预测来水到达内蒙古境内各断面的时间和洪峰量级；在调度过程中，努力提高来水过程水量测验精度，及时准确上报水情信息；调度过程结束后，第一时间开展调度过程的数据整理和分析工作，为服务黑河水量调度、实现东居延海连续20年不干涸提供科学支撑。云南省持续开展九大高原湖泊水资源分析及预警工作，全年共发布分析预警简报12期；推动九大高原湖泊水资源量分析评价模块应用，积极做好牛栏江—滇池补水出水口监测和牛栏江调水区中长期来水分析预测工作。甘肃省完成2023年三江源、祁连山、青海湖三个地区年度水文水资源监测评价报告，为生态保护工程建设、生态成效评估和国家公园建设提供了重要的依据和支撑。

2. 水资源监测服务情况

全国水文系统不断加强河湖复苏水文监测与分析评价，积极服务河湖复苏生态补水工作。水利部办公厅印发《京杭大运河2024年全线贯通补水水文监测与专项评估方案》《华北地区河湖生态环境复苏行动（2024年夏季）水文监测评估方案》以及《水利部办公厅关于加强母亲河复苏行动水文监测分析工作的通知》，明确工作任务和要求，利用现有国家基本水文测站、专用水文测站及地下水站，增设临时监测断面，为开展水量水质水生态监测和地下水动态监测，以及补水河湖河流长度和水面面积遥感监测等做好基础工作。水利部水文司组织各水文部门开展水文监测与分析评价，组织水利部信息中心、黄委、海委及北京、天津、河北、山东等流域和省（自治区、直辖市）水文部门通过卫星遥感、无人机和地面水文监测相结合，建立天空地一体化监测体系，及时跟踪监测补水进展，对地表水和地下水的水量、水质、水生态及有水河长、水面面积等进行监测分析；对京杭大运河黄河以北河段补水期间地下水水位变化和回补影响范围等进行专题分析评价，编制完成水文监测周报15期、专报3期；对华北地区实施生态补水的55个河湖补水量、典型河湖水质及河湖周边浅层地下水水位等要素开展了监测分析评价，并对永定河、白洋淀生态补水进行了专题分析，编制《华北地区河湖生态环境复苏行动水文监测分析专报》12 期；推进 88 条（个）母亲河（湖）复苏行动水文监测分析工作，编制印发《〈母亲河复苏行动水文监测分析专报〉编制大纲》，编制《母亲河复苏行动水文监测分析专报》5 期。2024 年，华北地区补水河湖水环境质量持续向好，补水河湖周边地下水水位明显回升，河湖水域空间大幅增加，全国母亲河复苏成效明显。

黄委开展河口三角洲生态补水水文监测工作，为黄河河口三角洲生态保护提供有力保障，全年布设 19 处断面精细开展河口三角洲生态补水水文监测，施测流量 197 次，累计补水 1.865 亿 m^3，圆满完成本次生态补水全过程的水量应急监测任务。海委助力永定河生态修复，按照《永定河综合治理与生态修复总体方案》，对 61 个水量断面、21 个水质断面和 579 处地下水井开展补水监测和专项评估，定期开展输水率分析评价，助力永定河恢复绿色生态河流廊道。松辽委聚焦力争实现西辽河全线过流目标，强化水资源监测与信息服务开展中小洪水复盘分析、西辽河春季和汛期输水损失分析、河道地形测量及二维水动力学模型搭建等工作。河北省在生态补水监测方面持续发力，开展白洋淀水量监测工作，每日及时报送水位、降水、蒸发及出入淀水量等关键数据，助力完成 52 期河北省补水调水周报，实施了滏阳河生态补水全线贯通与京杭大运河 2024 年全线贯通的水文监测及数据上报，开展入海水量与潮白河流域水源涵养区生态补偿水量监测。

各地水文部门积极服务水网工程水量调度工作。淮委开展南水北调东线一期工程蔺家坝泵站等 4 处控制断面的水量监督性监测工作，2023—2024 年度调水期间累计施测流量 540 站次，制作调水水量计量专报 181 期，调水年度总结 1 期，发送手机短信 6500 余条；2024 年首次对引江济淮工程蜀山泵站、西淝河站、豫皖省界等断面开展水量巡测，充分利用无人船等设备优势，为引江济淮水量调度监管提供技术支撑。太湖局在引江济太期间加密开展监测服务，根据引江济太水量水质常规监测方案，组织实施常规调度监测和应急监测，共布设 45 个断面，获取了 2276 个流量数据，为确保太湖流域供水安全提供支撑。江苏省完成 2023 年南（江）水北调工程调水分析、江水东引工程调水分析、引江济太工程调水分析、长江沿江引排水量分析等 10 个水量专题分析，着力完善口门基础资料，收集整理基础水文数据，调查区域主要用户取用水量，分析主要口门水资源月、年水资源成果，强化合理性分析。安徽省根据流域管理机构年度调度计划，组织对 7 条河流 12 个控制断面执行调度任务，每年报送 4500 条监测信息，各断面下泄流量符合控制指标要求，为水网工程水量调度工作提供了有力保障。

各地水文部门积极服务流域生态补偿机制。北京市、河北省编制了密云水库上游潮白河流域水源涵养区横向生态保护补偿入境水量监测报告，每月核算水量并编制入境水量监测报告。河南省按照《河南省水环境生态补偿暂行办法》，制定水环境生态补偿水量监测方案，负责水环境生态补偿水量监测数据质量保证及管理工作，全省共设置水生态监测断面 76 处，2024 年开展生态流量巡测获取断面流量资料近 4000 条，向生态环境部门提供流量周报 52 期，为水环境生态补偿工作提供了重要依据。广西壮族自治区持续做好右江、漓江干流行政区界断面水量监测评价和水量信息服务，为实施流域上下游横向生态保护补偿提供考核依据。四川省为清算年度沱江、岷江、嘉陵江相关市州横向生态保护补偿资金提供水资源监测服务，涉及 11 个市州分流域水资源量、6 个断面年度平均流量，共计约 186 个数据成果。贵州省布设赤水河等八大流域横向生态保护补偿水量监测断面 30 个，市州界水量水质考核断面 76 个，完成贵州省赤水河等八大流域共 30 个横向生态保护补偿水量监测断面水量计算和资金分配测算，支撑加快形成责任清晰、合作共治的流域治理和长效保护机制，持续改善水生态环境。

各地水文部门积极服务河湖长制等工作。太湖局完成河湖库地物遥感图斑

（530个）解译，以及完成江苏省、上海市水普外河湖名录抽查，并组织开展长三角一体化示范区水文水生态协同监测简报编制，有力服务支撑太湖局河湖长制工作。河北省开展引调水水质监测600多测次，开展了18条河流的水生态监测，编制了9条河流的河湖健康评价报告、2条河流的幸福河湖建设实施方案，开展了40站次的黑臭水体监测，为河湖长制落实提供技术支撑。江西省建立健全河湖数据底座，编制河湖工作一张图，基于水普内外成果4512条河流和172个湖泊开展江西省河流湖泊基础数据管理及服务系统建设，建立了全面、精准、动态更新的河湖基础数据管理系统，形成了江西省河湖数字"画像"；深化"五河"（赣江、抚河、饶河、信江、修河）干流河源论证工作，建立江西省河源论证指标体系，编制饶河河源复核论证报告及河源监测调查实施方案，进行饶河源实地探源。贵州省根据全省71个市（州）界断面水质监测数据统计分析，全年共编制6期《贵州省流域面积300km^{2}以上河流市（州）界断面水质状况简报》，根据全省34条设省级河湖长河流100个断面的水质监测数据统计分析，全年共编制4期《贵州省34条设省级河湖长河流（湖泊）水质状况》，为河湖长制日常管理提供数据参考。宁夏回族自治区每月按时做好113处河湖长制考核断面水量监测及16处断面水质监测，编制《河湖长制河（沟）断面流量月报》《自治区推行河长制重点任务进展情况通报》，及时向河长制平台推送监测数据和评价结果，为各级河湖长及时掌握河流湖泊水质动态提供水文服务。

3. 水资源分析评价工作开展及相关成果

全国水文系统不断深化水文水资源信息发布工作。水利部水文司组织做好《中国河流泥沙公报2023》编制、审查和出版，央视《新闻直播间》栏目对公报内容进行了报道，引发社会广泛关注。12月组织开展2024年度中国河流泥沙公报编制技术研讨，明确编制大纲以及《泥沙公报编制规程》修订思路，安排部署编制工作；印发《水利部办公厅关于做好〈中国水文年报〉编制工作的通知》及《〈中国水文年报 2023〉编制工作大纲》，全力提高时效性，开发年报编制系统，编制与发布《中国水文年报 2023》；南京水利科学研究院等参编单位、各流域管理机构和省级水行政主管部门积极做好数据资料的收集、整理和分析，持续为经济社会和水利高质量发展提供基础性资料。

各地水文部门不断推进水资源信息统计与发布工作。太湖局持续做好水资源分析评价，承担并编制了《太湖流域及东南诸河水资源公报》《太湖流域及东南诸河重要水体水资源监测报告》《太湖蓝藻月报》各 12 期，开展了引江济太调水对太湖流域及上海市影响分析工作，以及沿长江、沿钱塘江、环太湖、苏沪省际边界等控制线进出水量统计分析工作，编制《2023 年度太湖流域及东南诸河水文年报》。河北省首次编制了《河北省水文年报》，开展 2024 年度河北省母亲河复苏行动成效总结评估，积极推动县级水资源公报编制工作，全省大部分市完成了全域 2023 年县级水资源公报编制工作。江西省积极探索公众服务、专业服务、决策服务的新举措，丰富水文资料服务产品，高质量完成 2023 年水资源公报编制，定期发布江西省水资源月报，编制《江西省幸福河湖水文监测分析专报》《江西水文年报》《鄱阳湖流域泥沙公报》。湖北省编制《2023 年度湖北省水文年报》，全面开展水资源承载能力分析研究，组织编制 16 个二级流域片区水资源承载能力研究报告，为全面落实水资源刚性约束制度提供决策支持。广东省高度重视水资源信息服务产品的优化与创新，高质高效地完成了包括年度水资源公报、地表水资源质量年报、节约用水管理年报、生态流量月报和年报、地下水动态评价月报和年报、大中型水库蓄水量动态周报等在内的 30 余份各类报告，其中《2023 年广东省水资源公报》首次在全国范围内正式出版发行，其影响力与应用价值得到了显著提升。四川省充分调查引调水、水利工程蓄变量、用水量、耗水量等成果，形成 21 个市（州）的年度水资源量评价方案，对典型代表水文站做专题研究，形成水文站径流还原方案成果报告；在攀枝花市开展水文考察，平衡金沙江右岸出入四川及云南省境水资源量及掌握其区间水资源分布规律，形成初步研究成果。云南省组织开展九大高原湖泊水资源量分析预测工作，对湖泊水位蓄水量进行预测，按月编发预测简报共 12 期，为湖泊管理、保护和调度提供技术支撑。宁夏回族自治区完成《宁夏地表水开发利用研究》《2001—2023 年宁夏主要流域径流变化分析》《宁夏泾河流域水资源开发利用情况分析》《泾河生态流量和龙潭水库生态下泄流量分析报告》等专题报告，完成《宁夏非常规水利用调查分析研究报告》和再生水、矿井水、苦咸水及积蓄雨水四个专题调查报告，为科学合理利用稀缺水资源提供技术支撑。新疆维吾尔自治区全力做好地表水分析工作，持续开展地级行政区套水资源三级区旬、月水量收集分析工作，全年编制《全疆各地州河川径流量旬月水量统计表》36 期，为水资源集约节约利用和精细化管理提供技术保障。

4. 泥沙监测分析研究工作

各地水文部门持续开展泥沙监测和分析评价工作。珠江委开展实验室悬移质泥沙化验新技术研究，针对珠江三角洲低沙特性，引入新型悬移质泥沙抽滤装置进行泥沙化验，利用抽气泵、气液泵相结合的方法制造大气压强差，从而有效压缩相同沙量的过滤时间，编制完成《抽滤法测量悬移质含沙量试验分析报告》；开展在线泥沙监测设备比测应用，对冯马庙（二）、黄冲 2 处水文站在线测沙系统进行比测率定，引入量子点光谱泥沙在线监测系统，实现水体悬移质含沙量在线实时监测，进一步提升珠江流域悬移质泥沙自动化监测水平（专栏 12）。浙江省统计钱塘江流域水文控制站的径流量、输沙量、含沙量、洪水泥沙、典型断面冲淤变化等重要数据，2011 年以来已连续完成 13 年《钱塘江泥沙公报》编制，为流域水沙特征分析提供重要依据。江西省持续补充在线泥沙监测设备，实现泥沙在线监测率提升至 38.7%，组建 ADCP 水沙一体监测试验研究、泥沙在线监测技术 2 个技术团队，收集比测数据近 700 组，完成相关站点含沙量推算模型、测沙仪单断沙关系评价，经比测分析泥沙自动监测技术在水利工程调蓄后下游且泥沙混合均匀的测站应用效果较好，其中虬津站量子点光谱泥沙自动监测成为全省首个批复站点并将于2025年投产应用。山东省组织编写径流小区泥沙自动监测设备现场计量校准技术方法和土壤含水量测定仪现场计量标准，开展便携式泥沙速测仪配套剖面采样器现场计量校准技术研究工作。四川省为掌握三峡水库蓄水运用以来库区重点产沙支流水沙变化情况、汶川地震对区域内产沙环境的影响、低水头航电枢纽运行及拦沙情况等，配合三峡工程泥沙专家组对三峡库区岷江、沱江和嘉陵江进行现场查勘，调研汶川地震影响区内产输沙环境带来的影响。云南省为提高泥沙要素监测自动化水平，积极开展泥沙监测新技术应用研究，目前全省已有11个水文站安装了泥沙在线监测系统，正在开展比测率定。

专栏 12

珠江委开展泥沙监测分析研究

珠江委开展实验室悬移质泥沙化验新技术研究，针对珠江三角洲低沙特性，引入新型悬移质泥沙抽滤装置进行泥沙化验，该方法是在传统过滤法的基础上做改进，利用抽气泵、气液泵相结合的方法制造大气压强差，从而有效压缩相同沙量的过滤时间。通过分析抽滤法原理，对装置使用范围及操作步骤进行尝试，对滤膜和滤纸可溶性物质含量、吸湿性、漏沙量、烘干时长等进行试验分析，验证了抽滤法测定悬移质泥沙的可靠性，编制完成了《抽滤法测量悬移质含沙量试验分析报告》。同时开展在线泥沙监测设备比测应用，对冯马庙（二）、黄冲2处水文站在线测沙系统进行比测率定，投入技术人员共8人，将现场取得62组样品带回实验室采用抽滤法进行处理，通过实验室处理数据与在线数据进行对比分析，编制完成了《冯马庙（二）水文站在线测沙仪比测率定报告》《黄冲水文站在线测沙仪比测率定报告》；

引入量子点光谱泥沙在线监测系统，该设备为水利部推广的新技术应用之一，可实现水体悬移质含沙量在线实时监测，提高泥沙监测精度，通过现场取得悬移质泥沙样品，带回进行泥沙处理，并配制不同浓度的泥沙样液与设备进行标定，再对现场数据与设备数据进行重复比测检验，对设备适用性、可靠性进行分析，进一步提升珠江流域悬移质泥沙自动化监测水平。

5. 土壤墒情监测及分析评价、预测预报工作开展和成果

山西省基于实时的墒情监测数据编制水文月报 12 期、水情会商 20 期、旱情简报 3 期；开展两年一次的人工墒情资料整编工作，积累了 1961—2023 年共计 63 年的长系列墒情整编成果，为全省的抗旱相关工作积累了宝贵的资料。吉林省参加《土壤墒情评价技术规程》地方标准编制工作，开展墒情站土壤质地分类确认；收集整理 2018—2023 年墒情监测及旱情评价成果，综合 262 处墒情站土壤颗粒分析数据，建立了科学合理的土壤墒情评价技术指标，规范和统一墒情评价技术方法，提高墒情评价准确性，科学评判旱情等级。山东省定期发布墒情监测统计信息，每旬统计全省各站土壤缺墒情况，根据旱情等级标准，统计不同程度土壤缺墒比例及各市中度以上缺墒县数，分析每旬旱情变化趋势；根据旱情发展形势发布干旱预警，多次参与省防汛抗旱指挥部办公室旱情联合会商，提供旱情监测分析报告，为服务抗旱工作提供了信息支撑。河南省采用 447 处自动墒情监测站监测上报每日 8 时墒情信息和 212 处移动墒情监测点每月 1 日、11 日、21 日人工现场采集报送墒情信息，按旬编发雨水墒情简报；6 月上中旬和 9 月下旬，根据旱情发展，按照省厅要求增加测报频次，每天编发一期雨水墒情简报，汛期编写雨水墒情简报、水情简报及墒情图 30 期，为全省抗旱工作提供了基础信息。广西壮族自治区目前建有 200 个土壤墒情自动监测站，研发了旱情分析评价服务系统，实现了土壤墒情信息及区域作物生长图像的实时采集传输和在线分析评价，初步构建了"以雨水情监测为主，土壤墒情监测为辅"的特色旱情分析评价服务体系，共接收实时墒情数据超29万条，到报率97%以上，编制旱情信息专报12期；完善水文站网服务土壤墒情平台的"墒情资料"应用模块，印发关于加强和规范土壤墒情站监测与资料整编有关工作的通知，明确墒情站管理责任主体，规定了测站考证、人工校测、资料整编和汇编刊印的要求。重庆市聚焦气象预报、旱警水位、河流断流、土壤墒情、水质等关键数据，与重庆市农业气象中心加强会商分析研判，新增开发旱情预警产品，共同发布《旱情监测信息》26期，为旱情预警决策提供服务保障，抗旱服务能力显著提升。贵州省通过343个固定站、164个移动站积极开展土壤墒情监测和旱情分析，监测墒情信息90万余条，编制《旱情监测与分析2024年度工作计划》报告，完成贵州省旱情简报21期，为各级政府、防汛部门及时掌握旱情信息，进行科学防汛指挥提供了决策依据。云南省依据已建成的400个固定墒情监测站的实时监测数据开展土壤墒情监测及旱情分析分析评价和预测预报工作，实现了在全省墒情监测站点信息的全面共享，全年共采集土壤墒情数据58.4万条，编制并发布云南省旱情简报4期、云南省水文抗旱专报17期，为制定科学合理的抗旱减灾决策创造条件，进一步加强了云南水文对抗旱减灾决策的技术支撑服务能力。新疆维吾尔自治区加强土壤墒情监测工作，印发《自治区水文局关于加强土壤墒情监测工作的通知》，进一步推进墒情数据的自动采集和优化完善墒情站点布局，完成372处移动墒情监测站升级改造和数据汇集交换工作。

6. 城市水文监测与分析评价工作及其成果

各地水文部门持续推进城市水文工作，进一步完善城市水文监测体系。北京市建立健全覆盖供水、排水、水资源、水环境、水生态、水灾害等多方面的水文监测、分析评价、预测预报、应急处置体系，继续按照"首善一流"的标准，加强城区积水内涝信息统筹和更新，加快水质水生态和传统水文的融合研究，丰富城市水文的内涵。河北省以沧州市等试点开展水文监测及城市水文特性研究，组织对2024年8月25—26日沧州市普降大到暴雨、局部特大暴雨进行调查，对降水和地下水影响进行了分析，编写暴雨调查报告。江西省以南昌、九江两地为试点持续推动相关工作，修河水市水资源监测中心全年与气象部门联合发布4期《城市内涝气象风险预警》，提前预警提醒相关部门采取措施，在7月1日城区强降雨过程中及时发布预警提请相关部门防范，获市防指领导高度肯定。山东省济南、青岛等7市先后开展城市水文工作，设立了城区防洪专用水文（水位）站、雨量站并开展运行维护和监测，其中济宁市通过城市水文平台及时发布积水黄色、红色预警信息，为政府职能部门综览城区水文信息、协调安排各部门防汛工作提供了可靠的技术支撑；济南市城市水文防洪监测系统部分站点已实现视频实时监控，防汛测报及预警效果显著。广东省广州城市水文一期项目已完成城市水文机理研究、内涝预警预报模型与系统开发等内容，项目在复杂下垫面城市内涝灾害监测方法、机理研究和模型研发方面取得阶段性初步成果。

7. 实验站运行管理以及相关成果

有关水文部门持续做好实验站运行管理工作。太湖局不断强化新安江水文实验站管理，牵头印发《新安江水文实验站中长期发展规划》，以贡湖实验站为核心构建贡湖湖区立体一体化感知网，所属2处实验站分别获评防灾减灾领域、水生态保护与治理领域的野外科学研究站。河北省衡水实验站积极开展旱情、蒸发、气象、降水、地下水等项目相关监测，强化降雪、冻土等冬季观测项目业务知识学习，开展有针对性的演练。内蒙古自治区认真开展岱海湿地水文与生态环境内蒙古自治区野外科学观测研究站申报、内蒙古自治区产业技术工程化中心认定工作，积极开展技术交流合作，推动实验站基础数据成果转化，年内共观测雨情信息67544条、蒸发信息39144条、气象信息97699条、地中蒸渗信息29867条、照顾辐射信息28404条、墒情信息28724条，为开展水文实验、岱海水面蒸发机理及规律研究、岱海湖区水文循环规律和水生态环境的变化情况研究奠定了基础。辽宁省依托台安径流实验站与大连理工大学合作申请水利部野外观测站，于10月成功获批，并已完成建设实施方案编制，加快推进实施水文实验站（叶柏寿站）建设工程。吉林省在白城地下水水文实验站、杏木水文实验站开展了水文实验、墒情实验、地下水监测、气象、蒸发等项目工作，并对仪器设备进行维修养护，参与吉林大学"气候变化与人类活动影响下松嫩平原西部地下水环境演变机制与风险管控"项目研究工作。江西省鄱阳湖生态水文监测研究基地积极开展科技项目研究，构建了鄱阳湖浮游动物形态学图集以及基于分子标记的DNA条形码库，为鄱阳湖的浮游动物研究提供参考；吉安水文实验站不定期开展集中工作和科技沙龙，设立分析研究小组开展对峡江水利枢纽库区上下游河道泥沙冲淤变化研究、峡江水利枢纽对吉安至峡江洪水传播时间及水面线影响研究、库区水面蒸发与陆面蒸发关系研究等。湖南省加强长沙水文实验站运行维护管理，实验站设施整体面貌得到了提质改造，开展变坡土槽人工降雨径流实验5次，完成12份降水、蒸发、气象、墒情等月报数据分析成果，完成1份年报数据分析整编成果。广西壮族自治区积极推进山区小流域柳州培秀试验站科研项目研究，完成水利科技推广项目"南方山区小流域'暴雨—产流—汇流'研究——以培秀河为例"年度阶段性工作任务。四川省九寨沟国家级生态水文实验站群呈"一核多点"模式，共有各类监测站点17处，包括7处水文站、6处水位站和4个雨量站，在开展传统水文监测项目的基础上，积极探索生态环境监测，共同制定《九寨沟湖群景观物理形态（水上水下一体化）科学测量工作实施方案》并组织实施。云南省先后完成《抚仙湖生态水文实验站地下水监测、抚仙湖周边地下水补给关系研究结题报告》《抚仙湖生态水文实验站项目抚仙湖水质分层监测报告》等技术研究报告和水文数据监测成果，系统研究了丽江盆地地下水的变化过程与机理，综合评估其环境影响效应，揭示地下水与大气降水、冰雪融水之间的水交换规律，并量化地下水的补给机制及其比例。

二、地下水监测分析管理

2024年，全国水文系统继续加强地下水监测，完善地下水监测站网，健全地下水监测工作体系，优化运行维护机制，保障地下水监测站和监测系统正常运行，强化地下水动态分析评价，地下水动态月报、通报、地下水动态评价等信息服务成果丰硕，地下水监测管理与信息服务能力不断提升。

1. 圆满完成年度国家地下水监测任务

3月，水利部办公厅印发《关于做好2024年国家地下水监测工程运行维护和地下水水质监测工作的通知》，部署国家地下水监测工程运行维护和地下水水质监测工作。加强地下水监测站建设运维经费保障，水利部信息中心加强项目和合同过程管理，不断完善国家地下水监测系统运行维护监管机制，加强地下水监测指导，多措并举不断提高监测和运维水平。

2024年，水利部与自然资源部交换共享国家地下水监测数据3.13亿条，向生态环境部、财政部提供2023年全年国家地下水监测数据，为相关业务司局和科研院所等单位提供数据5.6万站次。

各地水文部门采取有力措施，全力做好地下水监测站运行维护工作。2024年省级国家地下水监测系统运行维护共完成约1.7万站次校测，6615个站透水灵敏度试验及井深测量，730个站洗井清淤，更换RTU/水位计1024套（库存401套）、电池3325个（库存1819个），均达到绩效指标要求。全年平均月到报率99.89%、月内日均到报率98.63%、完整率98.23%、交换率100%，信息报送质量满足《地下水监测工程技术标准》（GB/T 51040—2023），工程整体运行良好。

2. 继续推进国家地下水监测二期工程前期工作

水利部协调自然资源部、国家发展改革委等部门共同推进国家地下水监测二期工程前期工作，取得阶段性进展。2024年1—4月，按照国家发展改革委投资控制意见和水利部水利水电规划设计总院技术复核意见，组织修改《国家地下水监测二期工程可行性研究报告》；5月，通过部长专题办公会议审议；6月，通过部务会审议。8月，协调自然资源部完成《水利部 自然资源部关于报送国家地下水监测二期工程可行性研究报告及其审查意见的函》，报送国家发展改革委。12月，配合中国国际工程咨询有限公司完成现场调研和评估会（图7-1和图7-2）。

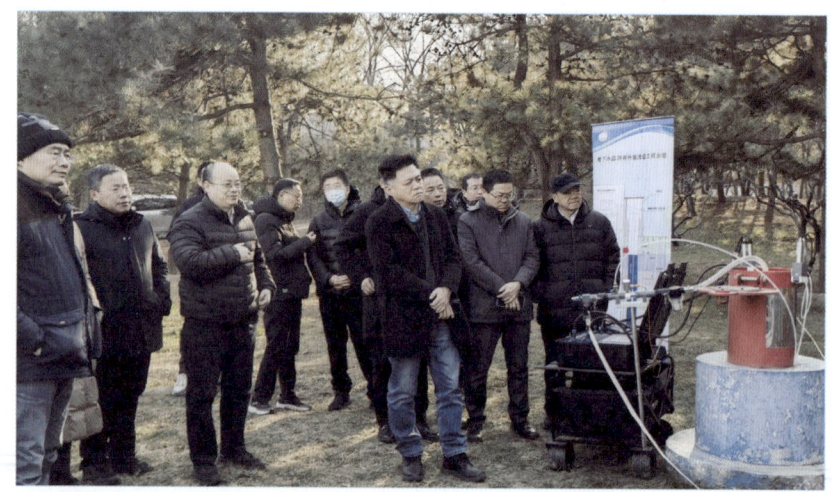

图7-1　中国国际工程咨询有限公司组织专家开展现场调研

图7-2　中国国际工程咨询有限公司召开国家地下水监测二期工程评估会议

3. 完成地方地下水站数据实时上传水利部工作

为贯彻落实习近平总书记重要批示精神，加强地方站数据管理，水利部水文司组织完成地方站数据上传水利部工作。1月，印发《水利部办公厅关于开展地方地下水监测站网数据实时上传水利部工作的通知》，统一技术要求、建立工作专班、加强技术培训、制定接入方案、现场调研指导、通报上传情况，完成上传工作（图7-3）。5月中旬，建立信息交换链路57条，实现14147处地方站数据实时上传水利部国家中心节点和流域节点，接入2018—2023年868处地方站水质监测数据和1972—2023年地方站历史整编数据14.6万站年，提高了数据整编质量和共享水平。10月印发《水利部办公厅关于做好地方地下水监测数据上传管理工作的通知》，对保障数据稳定上传、规范数据使用和管理、确保数据质量和安全提出要求。目前数据报送总体稳定，初步建立起规范高效的上传工作体系。

图7-3 水文司在甘肃调研地方地下水监测站数据上传工作

4. 持续强化地下水分析评价及信息服务

水利部水文司持续强化地下水分析评价预警工作，加强地下水技术标准体系建设。《地下水监测工程技术标准》（GB/T 51040—2023）于5月1日起实施，组织编制《地下水动态评价技术规范》《地下水监测预警技术标准》。组织完成2023年度华北地区和重点区域地下水动态评价，对地下水水位、漏斗等年度变化及演变趋势进行分析评价，形成评价报告。组织研究制定华北地区和重点区域预警方案，以地级行政区地下水水位变幅为主要指标，逐月进行华北地区和重点区域地下水水位预警并编制信息。首次完成全国地下水水位综述性评价，利用20308处地下水自动监测站数据，对2023年全国地下水水位总体变化情况进行分析评价。完成《地下水动态年报（2023年）》和12期《地下水动态月报》，及时向社会公众公布地下水水位、水温等监测信息。持续做好京杭大运河2023年全线贯通补水、华北地区河湖生态环境复苏行动、母亲河复苏行动、西辽河流域地下水监测地下水部分编制。

各地水文部门积极开展地下水动态分析评价工作。全国28个省（自治区、直辖市）开展地下水分析评价预警工作，编制发布地下水水位变化年报、季报、月报。海委规范地下水水位预警技术方法，印发实施《海河流域地下水水位预警技术指南（试行）》。珠江委首次利用重力卫星遥感反演北部湾地区长系列地下水资源储量时空分布。河北省完成月报12期、日报365期，并以半年为时间尺度对地下水位变幅进行滚动预测。山西省的《地下水资料整编规程》（DB14/T 2825—2023）、《地下水监测系统运行维护规范》（DB14/T 2826—2023）和青海省的《地下水管控预警指标》（DB63/T 2342—2024）等地方标准发布实施。陕西省制定印发《陕西省重点区域地下水位月发布预警提醒暂行办法》。

各地水文部门加大地下水科学研究力度。海委水文局研发的"地下水超采区动态评价预警关键技术"成果入选2024年度水利先进实用技术重点推广指导目录。江西省"复杂环境影响下鄱阳湖平原区地下水系统响应机制"获赣鄱水利科技进步奖二等奖。云南省持续开展抚仙湖、丽江坝区地下水监测和地下水水文实验研究。重力卫星遥感地下水监测应用初见成效（专栏13）。

专栏13

重力卫星反演地下水储量变化

重力卫星作为区域地下水动态变化研究的新监测手段，尤其是在大区域地下水动态变化监测方面表现出独特的优势。为加快实现重力卫星在地下水管理中的应用，水利部水文司、信息中心赴相关部委、高校和单位开展重力卫星应用研究调研，收集国外重力卫星相关数据，沟通协调国产重力卫星数据共享，就深浅层地下水储量监测、降空间尺度、短期时间尺度等关键问题开展研究，提出关键问题解决思路，编制《利用重力卫星监测地下水储量变化技术研究与应用进展报告》，并按季度编制《地下水储量变化监测信息》。此外，水利部信息中心联合华北水利水电大学团队成功申报国家重点研发计划"长江黄河等重点流域水资源与水环境综合治理"重点专项。珠江委首次利用重力卫星探测北部湾地区地下水储量变化，应用重力卫星时变重力场模型和陆面水文模型，反演北部湾地区长系列地下水资源储量时空分布。

5. 认真做好地下水监测监督管理

水利部水文司认真做好地下水监测监督管理。完成一期工程仪器设备更新和改建站改造需求摸底，探索多渠道解决遥测终端机通信改造途径；加强地下水监测站网管理，组织研究国家地下水监测工程和地方地下水监测站网分级分类管理方案。水利部信息中心召开地下水监测研讨会，总结回顾过去一年来地下水监测评价工作取得的新进展、新成效，交流地下水监测管理工作经验，分析地下水监测工作面临的新形势和管理需求，科学谋划下一阶段重点工作。水利部水文司在书面调研的基础上，组织赴北京、河北、山西、吉林、山东、河南、广西、云南、新疆等9个省（自治区、直辖市）及新疆生产建设兵团完成现场调研，提出加强全国泉水泉域监测的措施要求和下一步工作意见。

各地水文部门不断加强地下水监测管理工作。太湖局组织召开2024年太湖流域片国家地下水监测座谈会。山东省编制省级地下水监测站网管理办法和地下水测报质量评定办法，修订地下水监测精细化管理流程。湖北省向民政、自然资源、生态环境、住建等部门收集水文地质图、已建生产井和监测井成井资料、特殊类型区等基础资料，收集水文地质资料共计200余档。四川省调查全省矿坑、基坑、隧洞、铁路等地下水工程疏干排水情况，梳理各市州地下水工程涌水情况及回用水情况。贵州省组织对全省11个地下水泉流量站水位流量关系曲线进行复核。

第八部分
水质水生态监测与评价篇

2024年，全国水文系统水质水生态监测能力进一步提升，水质在线自动监测加快发展，水质监测人员队伍能力建设不断加强。全国水文部门认真做好水质水生态监测与分析评价工作，水质监测服务范围不断拓展，管理和科研水平持续提升。

一、水质水生态监测工作

1. 水质监测能力建设持续加强

各地水文部门水质水生态实验室监测能力进一步提升。长江流域水质监测中心对局属相关中心及相关省份水文部门30余名技术人员开展了岗位技术考核、上岗证到期换证等工作，指导汉江中心开展9个新建、改建水质自动站的前期工作，指导中游中心开展仙桃、沙市水质自动站建设。黄委完成流域、宁蒙、中游、三门峡库区、山东水环境监测中心实验室升级改造（图8-1），

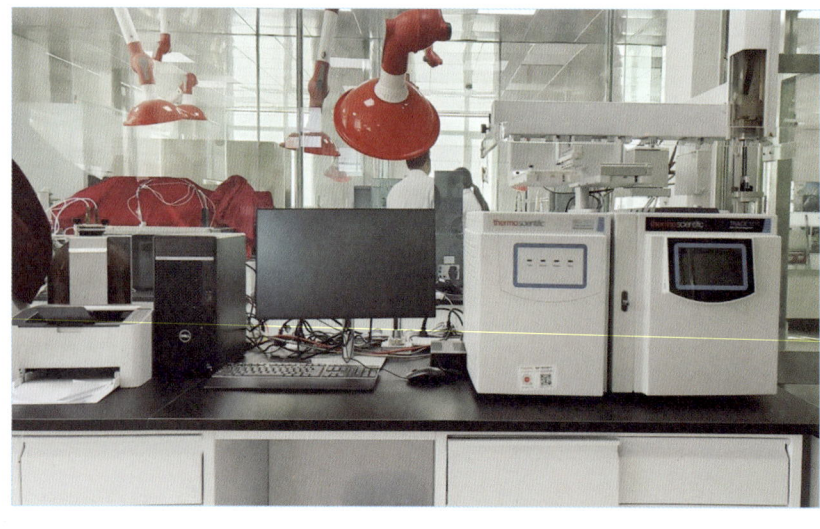

图8-1 黄委水质监测中心配备了气相色谱–质谱仪GC-MS

完成宁夏分中心新建，正在进行河口中心建（改）造工程。珠江委顺利通过第三次扩项评审，增加认证指标179项，具备涵盖5大类10个类别共928项（不重复267项）监测资质。北京市投资921.7248万元购置检测仪器设备和改善实验室环境，采用BOD、COD自动分析仪替代人工分析检测样品，实现2个检测指标自动检测。河北省落实900万元水量监控与水环境监测建设与运行经费，购置了气相色谱-质谱仪、液相色谱、连续流动分析仪等仪器设备，改造了部分实验室通风系统和危废间，首次建设了6处鸟类识别系统。河南省投资170万元购置叶绿素测定仪2台、全自动流动注射分析仪（总氮）2台、原子荧光光度计2台、紫外分光光度计1台、便携式多参数分析仪9台、离子色谱仪1台、便携式超声波测深仪19台。辽宁省投资约770万元，完成实验室信息管理系统（水生态监测系统升级）、沈阳实验室改造，购置了水质水生态监测设备40余台（套），进一步提升全省水文系统的水质水生态监测能力。黑龙江省投资320余万元，采购了气相分子吸收光谱仪、离子色谱仪、气相色谱仪等大中型仪器设备10余台套，改善了水质实验室检测设备老化问题。江西省完成省中心新实验室装修、搬迁，面积扩增到2500m^2，新建分子生物实验室，配备生物显微镜、DNA自动采样装置等设备，完善环境DNA监测技术，初步建立鄱阳湖主要水生生物特征片段基因数据库，独立完成20余种水生生物物种基因测序工作。湖南省实验室能力建设取得新突破，全省所有实验室均获得水生生物类浮游植物数量（密度）等6个项目的检测能力。海南省投资1000余万元建设中心新实验室（总面积约1500m^2），购置了低本底αβ测定仪、固相萃取仪、实验室超纯水机等水质检测设备，配备仪器全部覆盖中心资质认定的检测项目，为开展水环境监测工作和落实最严格的水资源管理制度提供技术支撑打下了坚实基础。云南省水环境监测中心水质实验室基础设施改造项目建设完成并通过资质认定扩项评审（专栏14）。

各地水文部门水质在线自动监测加快发展。北京市布设"水环境侦察兵"全光谱监测点位400处，布设在地表水常年有水的考核断面、整治后黑臭水体、劣V类水体、污水处理厂及再生水厂退水口、重要排水口和溢流口，以及重点城市河湖水域，提升监测时效。江西省共有水质自动监测站43处，主要监测蓝藻、高锰酸盐指数、氨氮等20个项目，实现国家重要饮用水源地、省重要水源地水质自动监测基本覆盖，年收集水质数据超过94万个。广东省依托两期水资源监控项目，共投资1.28亿元用于拓展监测站网和项目，提升监测能力，实现76个国家重要饮用水源地水质自动监测全覆盖。广西壮族自治区进一步提高水质在线自动监测站规范化管理，印发《关于加强水质自动监测站管理的通知》，对自动站的基础设施建设、监测环境条件、水样代表性、数据报送要求、运行管理要求、数据应用、监督保障、成果应用等方面提出明确要求，确保站点的监测成果已符合质量要求。

水质监测信息化建设加快推进。长江委对实验室信息管理系统（Laboratory Information Management System, LIMS）规范模板进行了升级，开发丹江口库区生态环境一体化智慧监管业务系统，为进一步构建丹江口库区及其上游流域多维空天地一体化监测体系做好技术支撑。山西省实验室信息管理系统涵盖了山西省水文总站及9个市站实验室的信息管理系统，形成全省水文实验室信息管理的统一体系。安徽省完成省水质水量监控评价预警系统升级，对接厅智慧水利系统整合专班，水质水生态评价内容嵌入水资源板块，编制《安徽省水文局水质自动监测站水质预警办法（暂行）》，开展试运行，水质预警信息直接报送至水行政主管部门及各级有关领导。广西壮族自治区着力夯实基础推动提升监测能力，水质业务管理、水质水资源综合数据库、广西河长制水质水量评价服务、广西水文河长通App等4个系统已投入运行，监测评价业务自动化信息化水平得到提升；18个水质自动监测站建成运行，进一步提升水质实时监控能力。重庆市信息化工作取得突破，实验室管理系统（LIMS）5大核心基础模块开发工作基本完成，相关配套硬件全部交付，初步实现检测工作全流程管理。

各地水文部门水质监测人员队伍能力建设不断加强。长江委举办水质水生态监测培训和地下水监测技术培训和检验检测机构资质认定培训班，针对《水环境监测规范》（SL 219—2013）、《水质监测质量管理监督检查考核评定办法》组织开展了研讨及修编工作。海委举办了水生生物监测技术培训班，围绕水生态监测评价工作的理论发展、技术体系和流域水生生物监测特色案例开展专题讲座，为更好地开展流域水生态监测评价工作奠定了良好基础。北京市开展水务局水质水生态监测中心和各实验室两个层次的人员培训活动，组织或参加各类内外部培训517人次。浙江省举办2024年水质检测技术和实验室管理培训班，组织开展监测人员培训和安全培训等22次，参加人员165人次。江西省做优人才增量，双管齐下扩展检测队伍，鼓励在职人员学历提升，目前检测人员队伍本科及以上占比超过93%，硕士及以上学位占比超过21%；盘活人才存量，以"5515"人才工程为统领，组建水生态团队，研究重点水域等水质水生态监测调查分析评价、系统规划和技术规程规范等。山东省举办全省第一届水质监测技能大赛，通过竞赛为选手们搭建了相互取长补短、共同提升的技艺平台，激发了全省水质监测从业人员学理论、练技能的主动性，进一步规范了检测人员日常工作，提高了水质监测工作的整体质量与效率。广西壮族自治区加强水生态监测技术人员培训力度，组织举办6期培训班，培训人次338人次；组织参加中国水科院和广西认可协会举办的外部培训班，共计培训96人次；各检测场所组织了66期培训班，培训人次640人次。重庆市全年共派出50余人次参加资质认定、质量和技术负责人、内审员、水生态监测能力和水资源管理等专业技术能力培训，不断夯实检验检测人员的综合能力，为检验检测工作质量和效率并行打下坚实基础。

> **专栏 14**
>
> **云南省水环境监测中心水质实验室基础设施改造项目建设完成并通过资质认定扩项评审**
>
> 云南省水环境监测中心（以下简称省中心）水质实验室基础设施改造项目建设完成并开展初步验收。2024 年省中心新购置 6 台先进仪器设备，目前省中心实验室仪器设备配置满足《地表水环境质量标准》（GB 3838—2002）、《地下水质量标准》（GB/T 14848—2017）、《生活饮用水水源水质标准》（CJ 3020—93）三项标准的 158 项检测能力。10 月 24 日至 26 日，国家计量认证水利评审组对省中心（网点）进行了资质认定扩项评审工作，经评审组考核，批准省中心本次申请的 113 项不重复参数、126 项标准。

2. 水质水生态监测服务范围不断拓展

各地水文部门不断加强水质水生态监测工作，全面提升水质水生态监测能力。长江委支撑河湖生态环境复苏，持续开展三峡水库、向家坝生态调度试验方案编制及水环境水生态监测分析；扎实推进雅砻江减水河段生态调度试验研究，顺利完成汉江上游及支流堵河已建水利水电工程生态流量核定与保障、西南诸河重点河湖生态流量保障情况调查；连续第七年开展上海市骨干河湖水质监测、海洋水文基础数据收集与分析，为长江口生态功能维护提供基础支撑。珠江委有力支撑流域重要水源地及重要水域水安全，完成杞麓湖和珠江流域 5 个水源地 15 个监测断面监督性监测工作，对湖区及主要入湖支流、调蓄带等 16 个监测点位开展水质监测工作，不断强化重要饮用水水源地水质监测与分析。天津市开展南水北调东线北延供水、大运河全线贯通调水、永定河调水、夏季补水和赤龙河加测工作，编制水质简报 42 期，为水源合理调度提供及时准确的数据支撑。山东省根据河湖长制监测评价结果每月编制《山东省省级骨干河道、湖泊及其一级支流水质状况通报》及各骨干河道水质状况简报（一河一单）及全省各市骨干河道水质状况简报（一市一单），为河湖健康管理提供技术支撑。湖南省编制《2024年度湖南重点水域水生态监测方案》，开展东江水库、涟水流域、湘江长沙段和洞庭湖区域常态化水生态监测，完成重点水域的枯水期和丰水期水生态采样分析和河湖健康评价工作。

各地水文部门积极开展服务河湖长制水质监测工作。上海市落实上海市河长办2024年上海市河湖水质监测计划中上海市水务局任务部分，开展市区镇管河湖、新增市控断面、"三查三访"（水质检查、第三方巡查、舆情核查、工作暗访、热线查访、市民巡访）、建成区以及农村地区反复水体等水质监测；开展2602座农村生活污水处理设施出水水质监督性监测，以及3611个村级河道断面水质抽测。江苏省以15个省级河湖长履职河湖为单元，开展34个重要河湖的水质监测工作，编制《省级河湖长履职河湖水资源监测年报》。安徽省完成省级幸福河湖评定水质现场复核，为省长巡河（湖）提供分析报告；完成农饮水消毒副产物指标检测；开展完成国家地下水监测工程93眼井水质监测项目监督管理等，为水资源管理、水环境保护、水生态修复和河湖长制等提供了强有力的技术支撑。福建省强化监督服务"河湖长制"，全省共抽查监测乡镇交接断面2300余测次，为河湖长制考核工作提供水质赋分结果；开展水葫芦生长区域水质分析评价，对主要河流近年水葫芦生长覆盖面较广的11个区域开展水质监测与评价，为福建省幸福河湖评价、福建省河湖健康评估蓝皮书和幸福河湖评价报告的发布提供相关数据支撑。江西省创新开展河湖长制工作，建立"河湖长制+水文"机制，由省河长办与水文部门联合印发《关于"河湖长制+水文"试行工作方案的通知》，"河湖长制+水文"工作站授牌开启河湖管理新模式。湖南省对标地表水资源保护和"河长制"重点工作，完成175个国家重点水质站、177个县级以上城市饮用水水源地、50座大型水库等全省294个地表水、83个地下水的水质监测评价。

各地水文部门持续推进重要饮用水水质监测工作。水利部水文司印发《水利部水文司关于开展黄河流域重要饮用水水源地水质水生态监测情况摸底工作的通知》（水文便字〔2024〕39号），对黄河流域重要饮用水水源地名录新增的60处水源地水质监测情况进行摸底，完成饮用水水源地监测情况专题论证报告。辽宁省进一步加强饮用水水源地安全和供水安全，布设监测点23个，对辽宁省大伙房水库输水工程、省重点输水工程的取水口、配水站、分水口进行水质监测，有力保障了水资源保护和供水安全工作。江苏省持续做好地表水饮用水水源地监测工作，每月对全省95个集中式饮用水水源地开展监测工作，编制《江苏省集中式饮用水水源地水文情报》《省辖国家22个重要水源地109项全指标监测年报》。湖南省持续巩固农村饮用水安全，开展农村饮水水质监督性监测，全省每年监测农村饮水供水工程1100处，其中"千吨万人"以上农村饮水供水工程700处，同时部分市州开展"千吨万人"以下农村饮水供水工程水质监测。广西壮族自治区开展农村饮用水水质抽查助力乡村振兴，全年监督抽查375个农村集中式供水工程，监测样品达到1081个，出具数据两万余个，覆盖14市68县（区）共120万人口，及时吹响饮水超标点警戒哨，并开展了60个中小水库水质监督性监测，助力改善乡村水生态环境。

全国水文系统结合工作实际开展专项水质监测工作。为落实习近平总书记"一泓清水永续北上"的指示批示，水利部进一步充实完善丹江口库区及其上游流域监测站网布局，圆满完成常规监测、监督性监测任务；开展污染物溯源监测应对水质指标超标准问题；开展洪水期水量水质同步监测，完成污染物通量监测分析评价；完成12期《丹江口库区及其上游流域和中线总干渠水文水质监测分析评价月报》，并呈报丹江口库区及上游水污染防治和水土保持部际联席会议办公室，及时准确地掌握丹江口库区及其上游流域水质和水生态状况。江苏省服务新一轮太湖综合治理，连续开展太湖湖泛巡查监测督导工作245天，累计巡查湖区面积近15万km^2，获得各类监测数据18万余个，编发《太湖巡查简报》《太湖护水控藻水质简报》等各类报告 900 余份。湖北省根据《湖北省水生态监测规划》，在重要水域不断新增监测站点，在全省范围内开展了大规模的水生态监测工作，全省全年共监测水生态站点 180 处（包括藻类监测站 27 处），监测指标包括浮游植物、浮游动物、大型底栖动物、大型水生植物和鱼类，监测频率为每年 2～3 次。

各地水文部门及时高效开展突发水事件应急监测。长江委组织开展了汉江中下游水华、老河口硝化棉生产车间爆炸、滁州污染物外泄、丹江口库区洪水期水文全过程水质跟踪监测、华容县团北村垸堤防决口、酉水干支流铊浓度异常和石泉水库网箱养鱼应急监测 7 次应急监测，共编制应急监测简报 25 期报送有关部门。黄委有效应对洛阳测区下河村水文站上游尾矿坝泄漏、兰州市西固区一处排污口污水直排黄河、黄河干流天桥水库附近黑色油污等 3 起突发水污染事件和舆情信息，有力保障了黄河供水水质安全。珠江委有力响应重要水域水质异常，迅速响应东江寻乌水和北江白沙河水质异常，创新构建重金属快速检测和富集技术，有效解决事发地远、检测时效不足、无移动实验室、检测精度要求高等难题，实现现场水质变化实时监控，极大提升珠江委在水质异常事件应急指挥和决策效能。太湖局共发出突发水污染应急响应启动单 18 份，开展太湖洪水应急监测、太浦河 2-MIB 应急监测、太浦河油污染应急监测、贡湖水源地藻类及 2-MIB 应急监测、望虞河藻类应急监测、台风期间应急监测等各类应急监测工作 96 天、1133 个断面/次，获取监测数据近 2 万个；对太湖北部梅梁湖、贡湖、竺山湖及西部八房港等重要水域和黑水团易发区域进行持续巡查监测 46 次；编写各类应急监测简报 92 期，为实现流域防洪安全、供水安全、水生态安全提供有力支撑。安徽省积极开展滁河污染死鱼事件，组织省中心、芜湖及马鞍山分中心人员会同滁州分中心人员立即对滁河及支流 9 个断面开展连续一周、每天一次水质应急监测，每天及时分析评价、编制水质简报至水利厅滁河污染处置现场专班，供调度决策参考。江西省积极应对突发水事件，全年全省共发生突发水污染事件5起，在寻乌县省界镉超标事件中，于事发地上游寻乌水干流及支流设置多个临时断面，分别开展水位流量应急监测、水量预测分析、水质监测等，结合气象预报3天降雨和下泄流量提供有效应对建议，报送水雨情趋势分析专报13期，各类监测预报分析数据70余份，为水资源科学调度提供决策依据。

二、水质监测管理工作

1. 水质监测质量与安全管理

水利部持续加强水利系统水质监测质量管理。2024年，水利部为进一步完善水利行业水质监测质量和安全管理制度，落实《水质监测质量和安全管理办法》，印发了《水质监测质量和安全管理办法实施细则》，替代原有的《水质监测质量管理监督检查考核评定办法等七项制度（2015年修订版）》（水文质〔2015〕101号）。水利部与国家市场监管总局、公安部、自然资源部、生态环境部、交通运输部、海关总署、国家药品监督管理局等七部委联合印发《关于组织开展2024年度检验检测机构监督抽查工作的通知》，组织开展"双随机、一公开"监督抽查水利水质监测领域5家国家级资质认定检验检测机构。水利部与国家市场监管总局等7部门联合印发《2023年度国家级资质认定检验检测机构监督抽查情况的通告》，对2023年度国家级资质认定检验检测机构监督抽查情况进行了通报。在水利系统5家国家级资质认定检验检测机构全部通过市场监管总局的"飞行检查"。

各地水文部门持续加强水质监测质量与安全管理。北京市认真贯彻落实《检验检测机构资质认定管理办法》《检验检测机构资质认定评审准则》和水务局水质水生态监测中心的管理体系文件，制定了质量控制工作计划，定期提交《质量管理月报》《质量控制报告》《质量管理年度工作报告》。辽宁省持续推动水环境中心安全生产"六项机制"落地见效，形成了"1234"推进思路，即编

图 8-2 辽宁省开展水质实验室安全生产教育培训

制一套安全制度汇编,坚持完善两项安全管理机制,加强安全教育培训(图 8-2),制作实验室风险告知卡和安全风险四色分布图,持续完善各类安全生产规章制度;连续印发了《水质监测安全管理规定(试行)》《省水环境监测中心全员安全生产责任清单(2024年版)》等10余项规章制度,持续推进安全生产标准化。吉林省为规范实验室检测工作,结合《检验检测机构评审准则》,编制印发2024版《质量手册》和《程序文件》。黑龙江省按照水利部水文司印发《水质监测质量与安全管理实施细则》,制定了《黑龙江省水质监测人员岗位技术培训和考核制度》《黑龙江省水质监测质量监督实施办法》《黑龙江省水文水资源中心实验室质量控制考核与比对试验实施办法》和《黑龙江省水文水资源中心水质监测仪器设备管理制度》。上海市印发《上海市水文总站关于印发2024年安全生产工作要点的通知》(沪水文〔2024〕6号)、《上海市水文总站安全生产治本攻坚三年行动计划(2024—2026)实施方案》《上海市水文总站安全生产检查实施细则(试行)》等关于安全生产文件,加强对实验室管理体系、危化品管理、消防和安全防护等检查。浙江省修订《危险化学品管理制度》《安全管理制度》等制度,进一步完善了省中心和市级分中心"三个职责清单",组织开展水质监测安全演练1次,实验室安全教育培训140余人次。

2. 水质监测技术标准建设

水利部水文司完善面向发展新质生产力的水质技术标准体系,全面梳理水质水生态领域技术标准体系，成功新增标准12项，进一步补充优化水质水生态标准体系，组织开展《水环境监测规范》（SL 219）修订工作和《地表水中微塑料的测定》的编制工作。浙江省发布国内团体标准《水库型水源地水生态健康评价规范》。广东省推动地方及团体标准《粤港澳大湾区地表水拟柱孢藻毒素监测技术规程》制定，申报工业用水定额、生活用水定额、水文干旱等级等多项地方标准成功获得批准立项。

3. 水质监测评价新技术新方法应用

2024年，全国水文系统加强水质监测评价新技术新方法的应用。广东省针对水生态突出问题，开展省级专项资金及科技创新项目《广东省水库拟柱孢藻与拟柱孢藻毒素时空分布调查》《环北部湾广东水资源配置工程交水水库群水生态安全监测预警与防控对策研究》及《广东省水资源利用与经济增长时空异质性与耦合协调性研究》，以进一步发挥用水大数据在经济社会决策中的应用。

三、水质水生态监测成果及应用

全国水文系统积极开展水质监测评价工作，为各级政府及相关部门提供技术支撑和决策依据。水利部水文司组织编制完成《中国地表水资源质量年报（2023）》《中国地下水资源质量年度报告2023》和《2023全国重点水域水生态监测及评价报告》，持续推进部门间信息共享，与自然资源部共享两部门国家地下水监测工程水质监测成果，向生态环境部提供水利部门监测的2023年地表水和地下水水质监测成果，同时，向生态环境部来提供地下水有关数据，用于支撑财政部重点生态功能区转移支付工作，为财政部生态补偿工作提供了基础数据支撑，向国家发展改革委提供《美丽中国建设评估指标体系（2023年版）》中地下水质量评价指标数据，支撑美丽中国建设评估工作。

北京市编写《2023年度北京市水生态监测及健康评价报告》，并在市水务局官网向社会公开发布。内蒙古自治区编制完成《"一湖两海"水环境监测通报》《西辽河"量水而行"水资源质量监测通报》《"一湖两海"2023年水环境质量年报》《西辽河流域2023年地表水资源质量年报》《岱海2024年水生态初探调查研究报告》等成果，为自治区水生态文明建设等提供了基础数据支撑。辽宁省编制完成《辽宁省重点水质站水质通报》《辽宁省主要供水水库及重要输（供）水工程水质通报》《辽宁省重点水质站年报》《辽宁省主要供水水库及重要输（供）水工程水质年报》《辽宁省地下水水质监测评价报告》《辽宁省水生态监测报告》《辽宁省水资源质量年报》《辽宁省2023年度全国重要饮用水水源地安全保障达标建设评估报告》《辽宁省中部平原区及辽西北重点区域地下水动态评价报告（2023）》等成果，有效支撑了水资源管理与保护工作。上海市编制完成《关于主要河湖悬浮物变化分析的报告》《外围来水及内河水网浊度和透明度情况》等成果，为开展相关研究奠定技术基础。浙江省编制完成《浙江省水库型饮用水源地水资源质量季报》《2023年浙江省地表水资源质量年报》《浙江省典型河流水文流量过程与水生生物关系分析报告》等成果。安徽省编制完成《水资源质量状况通报》《跨市界断面及省级河湖水资源质量状况简报》《地表水饮用水水源地水资源质量简报》《巢湖及环湖支流水资源质量简报》《沱湖流域水资源质量简报》等成果，报送至省水利厅；同时编制完成《水生态监测评价报告》《水资源质量年报》及相关表格图册。江西省编制完成《江西省水生态环境专报》《江西省大气降水水质监测分析报告》《江西1km^{2}以上湖泊水生态监测报告》《鄱阳湖水生态健康蓝皮书》等成果，为河湖治理保护治理和成效评估提供坚实依据。广西壮族自治区编制完成《广西国家级重要饮用水水源地水质监测成果月报》《广西水资源监测信息月报》《政务信息资源共享数据月报》《广西地表水国家重点水质站水质监测成果月报》《漓江南流江九洲江钦江流域水文信息月报》《广西跨设区市界河流交接断面水质月报》等成果，全力支撑全区重点流域生态保护和环境治理工作。

第九部分 科技教育篇

2024年，全国水文系统持续加强水文科技和教育培训力度，水文科技应用成效日益显著，水文人才队伍不断壮大优化，水文职工专业素质稳步提高，水文科技管理、标准化建设工作持续提升，重大课题研究和关键技术攻关取得一系列丰硕科研成果。

一、水文科技发展

面对新一轮科技革命和产业变革加速演进，全国水文系统加快发展水文新质生产力，为提升国家水安全保障能力和科学治水管水能力提供更加有力支撑。

1. 不断夯实水文科技基础

全国水文系统积极开展水文基础科学及应用类课题研究，致力于提高水文科技发展水平，立项省部级重点科研项目6项，长江委承担国家重点研发计划课题"流域水电多时空尺度资源与发电能力评估及预测技术"；承担3项湖北省自然科学基金项目"长江上游流域极端水文气象事件形成机理及三峡梯级水库群适应性调度运行机制研究""适应洪水演变的水库群消落－拦蓄汛控水位浮动调控研究""面向汉江中下游最小下泄流量保障的中长期径流预测研究"。浙江省承担省科技厅2025年度"尖兵领雁+X"科技计划项目"自然灾害监测预报和应急救援关键技术研究——暴雨－山洪链式灾害风险预报及应急防控关键技术研究与示范应用"。新疆维吾尔自治区承担区重点研发专项"变化环境下新疆典型流域洪水资源化关键技术研究"。

全国水文系统获得或入选省部级以上科技奖21项。其中海委、新疆维吾尔自治区入选大禹水利科学进步奖一等奖；长江委获湖北省科学技术进步奖、地理信息科技进步奖一等奖；黄委获黄委科学技术奖一等奖；山东省获科技创新奖一等奖；重庆市获长江科学技术奖一等奖。2024年获省（部）级荣誉的主要科技项目见表9-1。

表9-1　2024年获省（部）级荣誉的主要科技项目表

序号	项目	承担或参与的单位	奖项	年度	等级	授奖单位
1	梯级水库群洪水资源预测评价与级联风险调控关键技术	长江水利委员会水文局	湖北省科学技术进步奖	2024	一等奖	湖北省人民政府
2	国家水网水道岸坡全时空精准感知与灾害预警技术及装备	长江水利委员会水文局	地理信息科技进步奖	2024	一等奖	中国地理信息产业协会
3	山东黄河济南段数字孪生流域关键技术研发与应用	黄河水利委员会山东水文水资源局	黄委科学技术奖	2024	一等奖	黄河水利委员会
4	缺资料流域水文模拟预报的理论技术创新与应用	海委水利委员会水文局	大禹水利科学技术奖	2022	一等奖	中国水利学会
5	水力一体化智能监测计量技术及产业化应用	山东省水文中心	科技创新奖	2024	一等奖	中国科技产业化促进会
6	基于"三水统筹"的流域水质水生态监测评价标准体系构建	重庆市水文监测总站	长江科学技术奖	2024	一等奖	长江水利委员会
7	基于顺向推演与逆向溯源协同的塔里木河绿洲生态水精准配置关键技术	新疆维吾尔自治区水文局	大禹水利科学技术奖	2022	一等奖	中国水利学会
8	水保工程群影响下的流域产汇流机理与过程模拟	黄河水利委员会水文局	黄委科学技术奖	2024	二等奖	黄河水利委员会
9	北斗三号智能遥测终端的研究与开发	浙江省水文管理中心	卫星导航定位科技进步奖	2024	二等奖	中国卫星导航定位协会
10	基于安全可信的数字化水文通信系统与示范应用	浙江省水文管理中心	中国通信学会科学技术奖	2024	二等奖	中国通信学会
11	远程精细高效水文监测关键技术及装备	山东省水文中心、广东省水文局	湖北省科学技术进步奖	2023	二等奖	湖北省人民政府
12	洪水在线监测与预报调度一体化关键技术	山东省水文中心	大禹水利科学技术奖	2022	二等奖	中国水利学会
13	基于采测分离模式的智能化水质监测平台的建立与应用	长江水利委员会水文局	湖北省科学技术进步奖	2024	三等奖	湖北省人民政府
14	面向金下-三峡梯级水库群联合调度的设计洪水关键技术及应用	长江水利委员会水文局	湖北省科学技术进步奖	2024	三等奖	湖北省人民政府

续表

序号	项目	承担或参与的单位	奖项	年度	等级	授奖单位
15	多源要素影响下库尾河段行洪能力演变规律及实时应用关键技术	长江水利委员会水文局	湖北省科学技术进步奖	2024	三等奖	湖北省人民政府
16	复苏河流生态健康的水文监测与调控关键技术	长江水利委员会水文局	大禹水利科学技术奖	2022	三等奖	中国水利学会
17	太湖流域平原感潮河网地区水利工程调度与运行安全关键技术研究及应用	太湖流域管理局水文局（信息中心）	大禹水利科学技术奖	2024	三等奖	中国水利学会
18	北京山区洪涝灾害风险系统化防控技术集成与推广应用	北京市水文总站	北京市农业技术推广奖	2024	三等奖	北京市人民政府
19	流域水土流失阻控及分散污染源防治关键技术研发与应用	山东省水文中心	大禹水利科学技术奖	2024	三等奖	中国水利学会
20	贺兰山苏峪口洪水精细预报与智能调度技术	宁夏回族自治区水文水资源监测预警中心	大禹水利科学技术奖	2024	三等奖	中国水利学会
21	西北大级差高含沙量河渠水文在线监测技术研究及应用	宁夏回族自治区水文水资源监测预警中心	宁夏回族自治区科学技术进步奖	2023	三等奖	宁夏回族自治区人民政府
22	数字孪生淮河防洪"四预"系统研究及应用	淮委水利委员会水文局（信息中心）	第十八届"振兴杯"全国青年职业技能大赛	2024	金奖	共青团中央、人力资源社会保障部

各地水文部门持续加强业务与科技融合，不断提高水文科技应用水平。长江委自主研发的"九派·OpenHI"数字水文开放平台筹备上线；"基于全感通+飞行机器人的智能水文水资源监测全套技术"入选全国科技周主场展览项目。黄委"HHSW·NUG-1光电测沙仪""YRCC.FFZ-01自动蒸发站"等2项成果入选2024年度水利部先进实用水利技术重点推广指导目录。珠江委水质智能监测技术推广基地获水利部首批推广基地正式授牌；获邀加入广东省野外科学观测研究站联盟。北京市"一种自动蒸发站"实用新型专利实现成果转化并推广应用。河北省首次成功申报省级科研机构。内蒙古自治区申报创建自治区水文科研平台——自治区产业技术工程化中心。吉林省全力推进长白山天池区水资源变化及驱动机理研究。黑龙江省积极开展对外技术服务（咨询），对外

承接并完成的技术服务（咨询）项目 74 个。上海市完成市海洋局科研项目"上海市入江入海水文监测分析能力提升技术研究"。浙江省着力推进水文科技创新（专栏 15）"水资源动态评价关键技术"入选 2024 年度水利部成熟适用水利科技成果推广清单。安徽省开展全省水文手册修编工作。福建省成功举办"2024 中国水利学术大会福建分会场——新时代水文科学与实践学术交流会"。江西省降水量、蒸发量、水位、墒情、地下水在线监测率均达到 100%，鄱阳湖流域生态水文监测研究江西省重点实验室申报成功（专栏 16）。山东省"数字孪生中小河流域水资源'四预'技术"入选 2024 年度成熟适用水利科技成果推广清单。湖南省完成"基于人工智能的历史相似雨洪过程自动识别技术研究""基于多源遥感影像的湖南省湖泊和湿地面积变化研究"2 个科研项目。广东省印发《广东省水文局科技创新项目管理办法》；协助举办广东省水利行业水文预报技能竞赛暨第二届全省水文系统预报技术竞赛。海南省水文水资源勘测局申报海南省院士平台科研专项项目"耦合深度学习和物理模型的南渡江中长期来水概率预报研究"。重庆市参与"干旱条件下山丘区农村地区供水风险防控与联动调度关键技术研究及应用""中小流域暴雨洪水形成机制及自适应智能预警预报关键技术及装备"2 个市技术创新与发展重点项目。四川省水文水资源勘测中心参加省政府防灾减灾救灾"揭榜挂帅"项目，并在第一轮评比中拔得头筹。贵州省水文水资源局联合贵州大学积极开展贵州省岩溶地区洪水预报研究；在贵阳大数据交易所开设水文数据专区，实现全国首个水文数据上数据交易平台的先例；初步建成贵州省水文水资源局应用支撑平台。云南省完成数字水文平台设计，形成完善的数字水文体系；德宏分局与水利部南京水利水文自动化研究所（简称南自所）共同申报的"云南省刘九夫专家工作站"成功获得云南省院士专家工作站管理委员会批准。西藏自治区持续推进第二次青藏科考相关子专题项目。陕西省建成全国唯一的"钳鱼腹腔 +ADCP 挂载"模式的智能化、数字化在线测线系统；"一种基于 DEM 数据的动态流域划分及系统"获得国家发明专利。新疆维吾尔自治区与新疆水利水电勘测设计研究院公司签署技术合作框架协议，建立协同创新机制。

2. 持续推动水文计量工作

由水利部推荐申报的国家水文计量站获市场监管总局同意筹建，这是水利行业首次获批筹建国家水文计量站，标志着水文计量体系和能力建设工作取得突破性进展。国家水文计量站依托南京水利科学研究院筹建，承担翻斗式雨量计等5种水利行业专用计量器具的检定、校准和测试任务。

各地水文部门积极做好水文计量检定、认证等工作，水文业务各项工作更加标准规范。黄委各测区均建立计量器具档案，并实现电子化，实现对水文计量器具的动态管理。山东省通过CMA资质认定能力扩项评审，取得《实验室认可证书》，具备13大类63种仪器596项参数检验检测能力；"新建明渠堰槽流量计检定装置""含沙量测定仪检定装置"获得计量标准考核证书；"科技赋能检验检测与计量工作，助力水文测报能力与质量提升"实践案例入选水利部国科司《水利检验检测机构资质认定与计量工作信息季报》优秀案例。湖北省推进省水文水保监测仪器设备计量能力建设项目已获得当地批复与备案。四川省"雨量计检定装置"获得计量标准考核证书，法定计量机构授权已通过认证；编制完善《四川省量水设施设备计量检测中心质量手册》《翻斗式雨量计计量检定作业指导书》《翻斗式雨量计检定装置计量标准技术报告》等考核必备的管理体系及计量标准技术文件集，形成35个指导日常计量检定工作开展的《程序文件》。

3. 加快推进专业模型研发应用

全国水文系统高度重视水文基础规模研究，积极开展专业模型研发。长江委首个由水文局牵头的国家重点研发计划项目"长江中下游极端枯水预报预警与应急供水保障关键技术研究"实施方案通过评审，顺利实施。海委研发适用于流域特点的海河无资料降雨径流模型并投入试点应用；"河湖生态补水下海河流域地下水超采修复机理及智能化预警关键技术研究"成果示范应用于华北地下水超采综合治理及河湖复苏行动。珠江委联合广西大学，研发分布式岩溶新安江水文模型。太湖局完善山丘区河网水动力学模型，并与平原河网水动力学模型耦合。北京市以永定河、大清河流域为重点，研发河流和山洪沟道的水文水动力模型。上海市"黄浦江水系水文分析预报数值模拟"获2024年上海市水务海洋科学技术奖一等奖。江苏省自主研发自动流量率定分析软件模块。浙江省探索构建"浙江模型"；编制《基于"天空地"一体化精密监测的数据机理双驱动预报模型研究》方案。安徽省申请"基于分布式水文模型的缺资料流域小型水库洪水预报方法"发明专利。江西省"水文条件变化下柏泉站监测断面及测验技术优选研究"为受水利工程影响山区水文站水文测验提供了借鉴和参考。湖北省探索无水文资料地区中小河流预报新方法。广东省联合清华大学"基于多源数据和集合模型的精细化实时洪水预报调度技术研究"获评省厅"A优秀"等级。海南省研发面向海南实际需求的气象水文一体化预报平台。

4.《水文》杂志

2024年，《水文》收稿488篇，出版6期正刊共94篇论文，发行8400册。《水文》致力于报道全国水文科技领域的新进展与新成果，连续被《中文核心期刊要目总览》《中国科技核心期刊目录》等权威期刊数据库收录。通过优秀论文评选、热门题材调研、期刊交流研讨等方式，以及"三审三校"、录用定稿网络首发等制度，进一步促进高质量论文发表，为水文科技发展提供支撑。

> **专栏 15**
>
> **向"新"出发 向"智"而行**
>
> 浙江省水文管理中心（以下简称省中心）认真贯彻习近平总书记关于科技创新的重要论述和2023年考察浙江时提出的"在以科技创新塑造发展新优势上走在前列"的重要指示，聚焦水利高质量发展、水

文现代化先行，着力夯基础、提能力、优服务，持续强化科技攻关力度、人才培养厚度、交流合作深度，在水文科技创新方面取得了积极成效。

一是提高思想认识，有效提升科创驱动力。迅速贯彻二十届三中全会精神，立足水文基础性、先行性特征，紧扣浙江省水文高质量发展科技需求强谋划、抓落实，出台实施《进一步深化水文改革 推进我省水文现代化先行的工作方案》，明确7方面、27项具体任务，努力打造具有浙江辨识度水文改革创新成果。同时，经多轮次专题研究，制定印发《浙江水文科技创新五年工作计划》，明确了到2027年、2029年两个阶段的目标任务，重点攻关水文感知技术、数据智控模式、预报预警模型、知识体系架构4大领域。

二是深化科研创新，有效提升行业竞争力。坚持群策群力，联合海康威视、铁塔等公司共建水文联合实验室，与河海大学、浙江省水利水电勘测设计院等签订深化战略合作协议，携手推进科技创新、工程水文、数字孪生等领域建设。近5年，省中心获省部级奖4项、市厅级科技创新奖3项，发表论文67篇，其中核心期刊论文23篇；出版专著、译著3部；授权发明专利14项，实用新型47项，科技成果丰富多样；发布国内团体标准5项。

三是坚持数字赋能，有效提升测报支撑力。根据水文司"对新安江模型优化创新"的要求，以"解决浙江中小流域预报难点、提高预报颗粒度"为目标，编制《基于"天空地"一体化精密监测的数据机理双驱动预报模型研究》方案，谋划建设小流域实验站，探索构建"浙江模型"。以提升"四预"能力为切入点，通过预报预警、调度预案、洪水预演、重点区域三维映射以及移动端应用等五大功能，着力建设"河湖水文映射"试点，顺利通过水利部项目验收。

专栏 16

鄱阳湖流域生态水文监测研究江西省重点实验室申报成功

6月28日，由江西省水文监测中心和南昌大学共同申报组建的鄱阳湖流域生态水文监测研究江西省重点实验室获批。实验室主要围绕国家山水林田湖草沙一体化保护和系统治理、长江大保护、重大工程建设及江西省鄱阳湖流域水生态保护等战略需求，以水利和经济社会发展"四水"问题为导向，以生态水文全要素监测、水文节律变化及影响、流域生态演变与多样性、生态水文耦合及驱动分析为主攻方向，通过长期野外定位观测，建立流域大尺度、多维度的监测网络系统和实验室分析为一体的研究平台，在鄱阳湖流域水文与水资源、流域水文—生态系统互作机制、生态恢复和流域管理等领域为鄱阳湖流域可持续发展提供科技支撑。

实验室组建后，第一时间成立管理委员会，明确重点实验室的目标定位、组织架构、各研究所主攻方向及近三年规划项目，2024年争取科技口经费投入50万元。召开鄱阳湖流域生态水文监测研究江西省重点实验室第一次学术委员会会议，重点实验室学术委员会主任夏军院士出席并作重要讲话，与会专家就实验室学科发展、人才培养、学术研究和运行管理提出了宝贵建议。重点实验室的成功组建将对进一步打造国家生态文明建设高地具有重要意义。

二、标准体系建设与新技术研究应用

1. 加快完善水文技术标准体系

面向加快发展水文新质生产力，全国水文系统持续健全水利标准体系。财政部、水利部联合印发《水文技术装备专用资产配置标准（试行）》，以指导水文技术装备专用资产配置相关预算编制和审核。水利部水文司组织制（修）订《水文基础设施建设及技术装备标准》《河流流量测验标准》《水文监测设施设计规范》《水文情报预报规范》《水工建筑物与堰槽测流规程》《水利空间要素图示》等一批水文标准规范，发挥标准的导向性、引领性、推动性、基础性作用。

各地水文部门积极开展规范贯标工作，同时结合生产实际制（修）订地方标准、管理办法。长江委发布国标《河流流量测验规范》（GB 50179—2015）英文版，团体标准《长江口咸潮入侵应急监测技术导则》（TSHSSW 002—2024）；ISO 国际标准《转子式流速仪》获批立项。太湖局印发《水文测验管理办法》。北京市发布地方标准《电波水流量测验规程》（DB11/T 1061—2024）。天津市编制《水文自动测报站运行维护技术规范》。山西省正式实施《地下水资料整编规程》（DB14/T 2825—2023）、《地下水监测系统运行维护规范》（DB14/T 2826—2023）。浙江省公示地方标准《图像识别水位监测系统建设规范》。山东省颁布实施 3 项地方计量技术规范《明渠流量计在线校准规范》（JJF（鲁） 197—2024）、《超声波明渠流量计校准规范》（JJF（鲁） 198—2024）、《土壤墒情监测仪校准规范》（JJF（鲁） 207—2024）；国家计量技术规范《TDR 土壤水分监测仪校准规范》获批立项。广西壮族自治区颁布实施地方标准《岩溶区洪涝预警预报规范》（DB45/T 2830—2024）。

2. 积极推进新技术新装备研究应用

全国水文系统围绕水文监测全要素全量程全自动的发展目标，持续推进新技术新装备研究应用。水利部水文司积极组织长江委、黄委、南自所等单位深化与高校、企业等合作，加大水文新技术研发投入力度，多项新技术装备取得新突破。固定式声学多普勒流速仪（ADCP）、超声波时差法测速仪、定点式电波测速仪、侧扫电波测速仪、影像测速仪等水文新技术新设备广泛推广应用，流量自动监测率由 2020 年的 20% 提高到 53%。高含沙水流测深仪器实现 160kg/m³ 含沙量环境下全断面连续测深，光电测沙仪实测最大含沙量扩展至 938kg/m³，实现水文泥沙测报关键技术突破，雷达冰厚测量仪正式投产应用。

长江委开展双轨循环式智能雷视测控系统、ADCP 缆道测流系统、水质在线生物安全预警系统、量子点光谱测沙仪、GNSS 三维水道观测技术、非接触式测深等技术方法设备研究应用。松辽委组织开展封冻期 H-ADCP 流量自动监测的应用研究。山西省开展多源因素协同的高精度地下水位插值与预测研究。江苏省购置微型 ADCP、飞行浮标、两栖无人机、地下水监测设备，提升沿江口门巡测及地下水监测能力。浙江省实现"北斗三号 + 遥测终端"一体化装备研制国产化，构建"北斗短报文 +4G 双传输链路"监测系统。安徽省研发"一种悬移质含沙量监测装置"获得实用新型、外观设计专利授权并开展应用；主持研发的"一种生态流量监测评价预警系统"在 36 个断面投入应用。江西省缆道雷达波测流技术配比由年初的 37.8% 提升至 51.4%。山东省成立山东数字水文创新联盟，共建水文信创实验室。湖北省展高洪水监测、低枯水流量监测、泥沙自动监测等技术难点攻关。湖南省石门站的水平式 ADCP 在线测流系统作为河湖生态流量监测预警应用典型案例向水利部水文司进行推荐。广东省组织开展声层析、超声波时差法、侧扫雷达、智能飞行浮标、大型智能测量船、雷视融合、量子光栅等技术装备比测试验；潮安站声层析流量计在 2024 年珠江三角洲同步水文测验中应用到感潮河段，效果良好。广西壮族自治区举办全区水文勘测工技能竞赛；开展侧扫雷达、影像测流系统、超声波时差法、声层析时差法率定。重庆市实用新型专利"一种水文缆道钢丝绳打油器"在泰安、东泉水文站成功运用。四川省在线雷达波测流系统已广泛应用到中高水测流场景。甘肃省引进 YDH-1S-AI 型边缘计算智能监测终端（视频水位监测系统），提升了系统的可靠性和适用性。

三、水文人才队伍发展

1. 强化人才管理和激励机制建设

水利部高度重视人才队伍建设，组织指导各地水文部门强化人才管理，建立健全激励机制。长江委出台《水文局青年职工导师制管理办法》《水文局科技人才创新团队建设管理办法》，组织开展第二届水文局创新能手、技术能手评选，探索开展"专业技术人员－高技能人才"职业发展贯通工作，积极拓宽人才成长渠道。松辽委印发《松辽委水文首席预报员选拔管理办法》。上海市印发《上海市水文总站关于进一步加强干部人才队伍建设的实施意见》《上海市水文总站关于开展2024年新进人员"师徒带教"工作的通知》，举办水文行业水质监测劳动和技能竞赛、防汛减灾预报比武，积极推进"创新工作室"和"身边工匠"培养选树工作。江苏省印发《2024年局系统干部人才培养工作方案》，推广高质量发展强才工程示范试点成果，布置并督导局属各单位构建人才模型。安徽省出台《安徽省水文局人才队伍建设三年（2023—2025年）行动计划》《安徽省水文局水文勘测岗位"师带徒"工作办法（试行）》《省水文局"项目＋人才"培养工作方案》，探索水文勘测技能人才培训新模式，加快青年技术技能人才培养。山东省印发《山东省水文系统新进人员"1+1"跟踪培养方案》，采取以师带徒、技术培训等手段积蓄发展生产力。湖南省印发《湖南水文新进人员下基层锻炼管理办法（试行）》《湖南水文职称评审推荐管理办法（试行）》，营造比学赶超的创业氛围。新疆维吾尔自治区制定印发《新疆维吾尔自治区水文人才队伍"十四五"建设发展规划》《水文系统专业技术人才激励机制指导意见》《自治区水文局直属事业单位聘任副高级以上岗位考核工作方案》《自治区水文局直属事业单位岗位聘任管理办法（试行）》《局机关、三中心新进人员强化基层锻炼暂行办法》《水文系统编制外人员管理办法》等，进一步提升了工作效能，激发了水文干部队伍活力。

2. 多渠道培养水文人才

全国水文系统以提升水文人才队伍整体水平、做好水文支撑为目标，坚持以岗位需求为导向，将专业技术知识、业务理论、干部文化素养和党性教育等作为年度培训重点内容，因地制宜开展内容丰富的教育培训活动，对提升业务干部、技术人才和管理人员等水文队伍的整体能力水平起到了良好推动作用。

长江委实施"一人一策"个性化培养策略，强化人才过程管理。黄委持续强化人才引进力度，优化人才队伍结构。淮委实施"传帮带"青年职工培养工程（二期）工作，定期开展阶段考核、检验成果，35岁以下青年人才占比达51%。海委高度重视人才队伍建设，着力打造中层干部"业务骨干"和青年干部"拔尖人才"两个梯队。珠江委创新形式，通过党建+活动，加强精神文明建设，开展"大思政"工作，加强先进典型的宣传示范和人文关怀，打造良好"人才生态"。松辽委开展各类高层次人才申报推荐培养工作，强化人才培养多向交流，拓宽人才引进渠道。太湖局组织开展年度"防汛减灾预报比武"，持续建设水文预测预报高层次专业技术人才队伍。北京市组织"攻坚克难 揭榜挂帅"活动，建设科技创新攻坚力量，着力攻克制约水文现代化发展技术难题。吉林省加强干部队伍建设和年轻干部培养，建立导师制，业务技能传帮带，副处级领导干部平均年龄从52.4周岁降至46.4周岁，专业技术二级岗位实现零的突破。江苏省聚焦练兵比武淬炼队伍，加大人才培育储备力度。浙江省依托河海大学、浙江省水利水电设计院等水利高校和科研院所，通过科研创新、产教融合、师资互聘等方式，探索双向联合培养和专业技术干部培育提升的新途径。安徽省创新人才培养举措，加快青年技术技能人才培养（专栏17）。福建省实施系统性培训与专项工作，增强团队专业素养和业务水平。江西省推广学术交流，邀请中国工程院院士张建云作题为《雨水情监测预报"三道防线"及有关问题讨论》的报告，对服务水旱灾害防御、水生态文明建设进行研讨。湖南省在省中心机关首次试行首席预报员制度，初步建立以领军人才为核心的水情预报专家团队。

广东省与高等院校联合举办水文技术干部能力提升班，打造多通道人才培养模式；举办 2024 年广东省水利行业水文预报技能竞赛暨第二届全省水文系统水文预报技术竞赛决赛，强化水文预报专业技能人才队伍建设。广西壮族自治区实行"师带徒"人才培养模式，强化技术骨干业务"传帮带"，提升年轻干部业务技术水平。海南省以"技能成才、技能立站、技能强国"为目标，发挥业务技能的引导和促进作用。贵州省构建"线上线下＋实践竞赛"立体化培养体系，提升队伍专业素养和创新能力。青海省积极开展业务培训、学术交流、实战演练、科学竞赛等活动，多举措锻炼、培养水文专业技术人才。新疆维吾尔自治区以"展技能风采，助力水利发展"主题，联合承办 2024 年水文勘测工技能竞赛，培育打造水文基层干部职工技能水平。

3. 稳定发展水文队伍

截至 2024 年年底，全国水文部门共有从业人员 70368 人，其中：在职人员 25626 人，委托观测员 44742 人，基本保持稳定。离退休职工 19467 人，较上一年增加 918 人。

在职人员 25626 人，其中，管理人员 3083 人，占 12%；专业技术人员 20115 人，占 79%；工勤技能人员 2428 人，占 9%（图 9-1）。专业技术人员中，具有高级职称的 6271 人，较上一年增加 266 人，占 31%；具有中级职称的 7122 人，较上一年增加 81 人，占 35%；中级以下职称的 6722 人，较上一年减少 36 人，占 34%（图 9-2）。

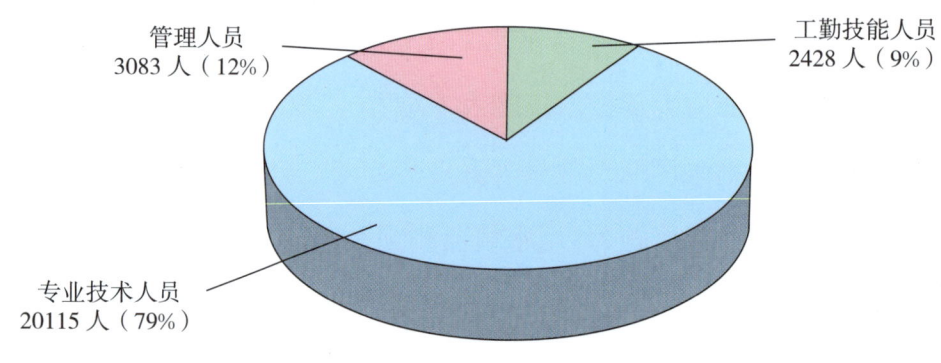

图 9-1　在职人员结构图

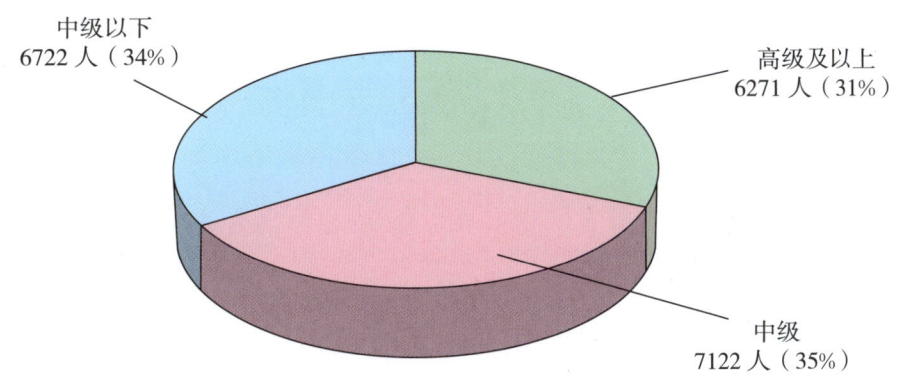

图 9-2 水文部门专业技术人员结构图

专栏 17

安徽创新人才培养举措，修编《水文手册》

不断创新人才培养举措。安徽省出台了《安徽省水文局人才队伍建设三年（2023—2025年）行动计划》，为切实保障行动计划落实落地，配套出台《安徽省水文局水文勘测岗位"师带徒"工作办法（试行）》，探索水文勘测技能人才培训新模式，按照"一师一徒"负责制，帮助指导局直单位建立"师徒"关系35对。印发《省水文局"项目+人才"培养工作方案》组织新入职从事水文测验及相关业务岗位人员赴项目一线开展学习锻炼，加快青年技术技能人才培养。

举办2024年水文勘测职业技能竞赛。编制2024年全省水文勘测职业技能竞赛选拔赛及能力测试工作方案，严把技能竞赛选拔关口，确保岗位练兵取得实效。对标国赛标准，认真筹备2024年全省水文勘测技能竞赛，制定全面提升水文勘测技能水平的工作方案，通过专业理论学习、岗位培训达标、标准规范考核等方式，建立符合水文勘测工作实际的培育链条，加快补齐水文勘测工作短板弱项。11月中旬，在六安举办2024年全省水文勘测职业技能竞赛，来自全省水文系统和兄弟单位的15支参赛队伍55名选手参加，最终10名选手荣获表彰。通过竞赛，营造重实干重实绩的干事创业氛围，为安徽水文事业高质量发展蓄势增能。

稳步推进《水文手册》修编工作。多渠道筹集省级资金2400万元，分三年时间开展手册修编。组织全省业务骨干120余人成立技术组，斥力开展全省水文手册修编工作。目前已经圆满完成了统计分析、设计暴雨、设计洪水、地下水和水土保持等5个专项的年度任务。通过收集、整理1950—2022年共73年的水文基础资料，全面完成测站考证与资料序列统计，完成初步数据治理和质量控制，起草编制1本手册和1本研究报告。完成雨量代表站基础信息统计表、分布图的编绘，并初步完成了降水等值线图集的制作。

附录

2024年度全国水文行业十件大事

1. 党中央、国务院高度重视水文工作。 党的二十届三中全会明确提出要"完善风险监测预警体系"和"完善自然灾害特别是洪涝灾害监测、防控措施"。7月25日，中共中央政治局常务委员会研究部署防汛抗洪救灾工作，会议指出要进一步完善监测手段，提高预警精准度。习近平总书记于6月18日、7月20日、9月12日先后对加强灾害监测预警、强化巡查排险、强化预警和应急响应联动等作出重要指示。7月1日，李强总理在湖口水文站检查防汛备汛工作时强调，预报预警是防灾避险的第一道防线，要充分应用信息科技手段，加强部门联合会商和滚动研判，尽量拉长预报期、多给提前量、提高精准度。

2. 水利部成功召开现代化雨水情监测预报体系建设现场推进会。 6月3—4日，水利部在北京市门头沟区召开现代化雨水情监测预报体系建设现场推进会，李国英部长出席会议并强调要加快推进现代化雨水情监测预报体系建设，为推动水利高质量发展、保障国家水安全提供有力支撑，强调锚定"一个目标"，即实现延长洪水预见期与提高洪水预报精准度的有效统一；抓住硬件和软件"两项重点"；建设"三道防线"，即加快建设气象卫星和测雨雷达、雨量站、水文站加降雨预报模型、产汇流模型和洪水演进水动力学模型组成的雨水情监测预报"三道防线"；支撑"四预"功能，不断提升预报预警预演预案能力，为洪水灾害防御、水资源管理与调配以及水利其他业务领域的决策管理提供前瞻性、科学性、精准性、安全性支持。与会人员现场考察了永定河官厅山峡段现代化雨水情监测预报体系建设成果，参观了水文新技术新设备展览。

3. 精准测报支撑水旱灾害防御及重大灾害事件应急处置工作成绩突出。
2024年，我国江河洪水南北齐发、早发多发，大江大河发生26次编号洪水，1321条河流发生超警以上洪水，67条河流发生有实测资料以来最大洪水；西南、华北、黄淮、西北等地发生严重旱情。全国水文系统坚持"预"字当先、"实"字托底，积极探索雨水情监测预报"三道防线"应用范围，强化精密监测、精准预报，珠江委提前48小时预报北江发生特大洪水，提前11小时预报桂江桂林江段发生超历史洪水，提前24小时预报万泉河下游发生超保洪水。"6·16"梅州特大暴雨期间，广东提前5～9小时发布差干河、松源河、石窟河红色水情预警信号。水利部信息中心、松辽委、黑龙江首次开展洪水漫堤风险分析，全力支撑提前加筑子堤等调度决策。西南、华北、黄淮、西北等地水文单位加强降雨、土壤墒情、河道来水、引取水等监测分析，研判旱情发展演变趋势，积极支撑抗旱指挥决策。积极响应水利部重大水旱灾害事件调度指挥，迅速、有序、高效开展水文应急测报和分析计算，为湖南团洲垸堤防决口抢险、陕西柞水县高速公路桥梁垮塌、四川汉源县山洪泥石流灾害、内蒙古老哈河堤防溃口封堵等多起重大水旱灾害事件以及局地突发水污染应急处置提供了有力支撑，得到各级政府、部门充分肯定。

4. 水文基础设施建设取得新突破。 2024年中央预算内资金、国债资金和水利发展资金安排水文基础设施建设项目投资共59.26亿元，创历史年度中央投资最高。北京在永定河官厅山峡段建成具有世界一流水平的现代化雨水情监测预报体系，山东、黑龙江、浙江、广东、贵州、天津等地和小浪底、大藤峡、万家寨等工程单位新建水利测雨雷达相继投入使用，推进全国高标准建设雨量站7000余处、水文（位）站3000余处，建成了一批全要素、全量程、全天候自动监测水文站，站网布局进一步完善，水文监测预报能力显著提升。国家地下水监测二期工程可研通过部务会审议，进入国家发展改革委审批阶段；1.4万余处地方地下水站监测数据上传水利部，建立国家和地方地下水监测数据共享长效机制。

5. 水文体制机制法治建设稳步推进。 水利部修订印发《全国水文情况统计调查制度》；印发《水质监测质量和安全管理办法实施细则》。制定印发《重大水旱灾害事件水文应急测报工作要求（试行）》。海委水文局和京津冀晋蒙鲁豫辽水文单位共同签署《加快构建海河流域现代化雨水情监测预报体系合作协议》。安徽出台《关于进一步深化水文巡测改革指导意见》。江西建立"水行政执法＋检察公益诉讼＋水文技术支持"协作机制，入选水利部首届"检验检测服务水利高质量发展"十大典型案例。《广西壮族自治区水文条例》《甘肃省水文管理办法》修订出台。海委水文局增设3个内设部门、增加编制11名。珠江委红水河珍稀鱼类保育中心大化繁育实验站与大化野外观测站挂牌。甘肃省级水文机构更名为甘肃省水文水资源中心。

6. 水资源水生态地下水监测评价工作取得实效。 为保障丹江口水库库区"一泓清水永续北上"，长江委、陕西、河南、湖北强化部门协同和上下联动，圆满完成各项常规水质水生态监测任务，积极开展丹江口及其上游流域水源地水质专项监测与评价，强化洪水期水量水质水生态同步监测与分析评价，及时准确地掌握丹江口库区及其上游流域水质和水生态状况。全国水文系统对532处省界断面和超900处重点河湖生态流量保障目标控制断面开展监测和分析评价，推动建立生态流量监测预警机制，为落实水资源刚性约束制度提供有力支撑。太湖局完成引江济太长江水在引水路线的输移变化、引江入湖水量对水源地影响等预演反演。浙江淳安县建成全国首个县域水资源量实时评价预报系统。《地下水监测工程技术标准》正式实施，首次完成全国地下水水位综述性评价。海委研发"地下水超采区动态评价预警关键技术"。

7. 全国水文系统党建和精神文明建设取得显著成效，水文文化建设和宣传工作持续推进。 各级党组织认真贯彻落实党的二十届三中全会精神和习近平总书记重要指示精神，持续推动学习贯彻习近平新时代中国特色社会主义思想走深走实，扎实开展党纪学习教育。水利部水文司深入学习习近平总书记关于全面加强党的纪律建设的重要论述，深化以案促教、以案促改、以案促治，开展典型案例警示教育和廉洁教育，邀请第四届"最美水利人"水文系统获奖集体和个人代表为党员干部开展宣讲，发挥正面典型事迹激励作用。各单位结合具体情况，精心谋划、周密组织，通过录制微党课视频、常态化开展学思想强党性活动、成立教育专题读书班等形式，不断巩固深化党纪学习教育成果，取得良好成效。河北省水文勘测研究中心和水情处分获"全国五一劳动奖状""全国工人先锋号"。山东省水文中心连续多年保持"全国文明单位"荣誉，被中华全国总工会表彰为"全国模范职工之家"。海委水文局程兵峰同志荣获"全国对口支援西藏先进个人"奖章。12个水文单位荣获"全国水利系统先进集体"称号，21名水文职工荣获"全国水利系统先进工作者"称号。100个全国水文先进集体和150名全国水文先进个人得到水利部通报表扬。全年围绕汛期水旱灾害防御、水文测报、现代化雨水情监测预报体系建设、水利测雨雷达建设应用等重点工作，全国水文系统累计在中央及省级各类媒体刊发宣传报道1万余篇；截至2024年年底，全国累计建设特色水文展示馆（厅）93处，展陈内容丰富、展陈方式多样，长江委汉口水文站荣获国际水利环境遗产奖，极大提升了水文社会影响力。

8. 水文工作会议成功召开。3月19—20日，水利部在山东省淄博市召开水文工作会议，总结2023年水文工作，分析形势与任务，安排部署2024年重点工作。会议以深入贯彻习近平总书记"节水优先、空间均衡、系统治理、两手发力"治水思路和关于治水重要论述精神为指导，按照水利部党组决策部署，全面加快水文现代化建设，加快构建雨水情监测预报"三道防线"，大力提升支撑服务能力，要求全力做好水旱灾害防御支撑服务，加快完善雨水情监测预报体系，积极支撑水资源管理与水生态保护，持续提升水文行业管理能力，大力推进水文科技创新，坚定不移推进全面从严治党。

9. 母亲河复苏行动水文监测分析成效突出。水利部印发《关于加强母亲河复苏行动水文监测分析工作的通知》，指导开展母亲河复苏行动水文监测分析工作。黄委等3个流域管理机构、北京等19个省区水文单位编制《母亲河复苏行动水文监测分析方案》，将遥感、无人机技术和地面水文监测技术相结合，构建母亲河复苏行动"天空地水工"一体化水文监测体系，对88条母亲河生态流量、补水量、有水河长和时长、水质及地下水水位等要素开展动态监测分析，编制《全国母亲河复苏行动水文监测分析专报》5期，为全国母亲河复苏行动提供了有力支撑和保障。

10. 水文新技术新装备研发多点突破，国际交流水文工作取得新成效。长江委正式发布长江水文"九派"大模型，全感通、量子点光谱测沙仪、GNSS三维水道、激光雷达河道观测等新技术装备进一步推广应用。黄委水文局牵头成立黄河水文协同创新中心，推动水文科技产学研深度融合，光电测沙仪实测最大含沙量扩展至938kg/m^3，实现水文泥沙测报关键技术突破。山东省成立山东数字水文创新联盟，搭建水文科技创新与水文感知技术两大平台，共建水文信创实验室。国家水文计量站获批筹建。水利部水文司组团参加第18届世界水资源大会、联合国教科文组织政府间水文计划（IHP）理事会第26届会议和IHP亚太区第31届会议，展示我国水文发展成就，传播中国治水理念。水利部南京水利自动化研究所与扬州大学联合申报的世界气象组织水文区域培训中心（WMO RTC）获批，正式成为WMO指定的中国地区第一个水文区域培训中心。成功签署中越相互交换汛期水文资料的实施方案，积极推进跨界国际河流水文报汛和资料交换。

附表 2024 年度全国

单位名称	流量站/处	水位站/处	降水量站/处	地下水站/处	水质站（地表水）/处	水生态站/处	墒情站/处
北京市水文总站	394		509	1272	306	245	38
天津市水文水资源管理中心	68	2	29	680	144	32	3
河北省水文勘测研究中心	252	823	2788	3151	258	12	188
山西省水文水资源勘测总站	116	234	4228	1378	133	14	97
内蒙古自治区水文水资源中心	290	25	1328	2388	209	12	355
辽宁省水文局	219	58	1611	1027	358	2	96
吉林省水文水资源局	222	96	1931	1770	142	1	305
黑龙江省水文水资源中心	274	163	1981	3131	277		
上海市水文总站	26	149	75	91	462	6	
江苏省水文水资源勘测局	561	912	282	654	1018	13	35
浙江省水文管理中心	981	10574	3234	166	294	21	27
安徽省水文局	419	220	1263	451	615	66	219
福建省水文水资源勘测中心	140	2495	1585	55	160	1	16
江西省水文监测中心	260	1102	3052	128	419	165	503
山东省水文中心	774	301	2202	2134	89	15	548
河南省水文水资源测报中心	365	157	3973	2137	293	62	977
湖北省水文水资源中心	291	312	1292	215	386	180	
湖南省水文水资源勘测中心	272	904	1678	98	337	45	344
广东省水文局	303	654	1596	130	859	236	6
广西壮族自治区水文中心	432	288	3795	124	364	7	200
海南省水文水资源勘测局	45	29	183	95	52		
重庆市水文监测总站	228	909	4625	80	254		72
四川省水文水资源勘测中心	388	509	3528	162	361	3	109
贵州省水文水资源局	320	165	1498	59	178	10	507
云南省水文水资源局	389	134	3160	181	648	90	408
西藏自治区水文水资源勘测局	135	78	615	60	80	2	6
陕西省水文水资源勘测中心	154	103	1859		203	13	16
甘肃省水文水资源中心	133	158	393	643	104	1	20
青海省水文水资源测报中心	61	28	387	140	83	13	
宁夏回族自治区水文水资源监测预警中心	270	441	1008	358	61	6	59
新疆维吾尔自治区水文局	220	138	280	612	236	54	522
新疆生产建设兵团水利局水资源管理处	95	558	544	109	5		178
陕西省地下水保护与监测中心				1176			
长江水利委员会水文局	153	273	29	2	331	5	1
黄河水利委员会水文局	128	94	800		127	58	
淮河水利委员会水文局	90	86			132	17	
海河水利委员会水文局	43	15			83		
珠江水利委员会水文局	47	11			57	6	
松辽水利委员会水文局	23	12	91		76	1	
太湖流域管理局水文局	79	2			168	42	
总计	9660	23212	57432	24857	10362	1456	5855

水 文 发 展 统 计 表

水文实验站/处	测雨雷达站/处	报汛报旱站/处	可发布预报站/处	测流缆道/座	机动测船/艘	无人机/架	自动在线测流系统/处	水质实验室/m²	在职人员/人	离退休人员/人	委托观测/人
1	3	247	40	96		3	355	2272	150	108	302
		396	5	26	3	1	1	1777	268	218	32
2	4	4308	252	113	37	112	132	7562	1076	634	5420
2		345	11	41	2	26	32	7225	548	399	5245
2		421	7	67	6	43	171	7044	837	673	2890
3	4	2379	127	50	31	28	88	8589	921	627	2212
2		2560	87	73	27	9	58	6859	629	636	3378
4		2944	60	59	126	9	10	4512	949	668	5104
		376	6		2	1	24	5154	315	284	
		2398	43	146	3	58	191	17546	807	568	414
1	3	1656	186	109	11	26	981	5204	675	421	390
5	5	5346	177	111	8	70	70	9698	768	602	
2		633	46	78	3	2	104	7740	455	319	407
3	3	3255	179	189	39	88	77	8509	984	821	174
	6	3280	71	111	3	43	143	12650	1017	753	3294
		6044	93	96	5	127	17	8751	967	602	34
		2039	270	79		14	84	14632	1000	698	1423
1	3	1785	356	110	60	51	134	10032	933	723	1031
1	3	1134	400	61	16	35	268	9010	737	554	1210
1	7	4166	456	146	37	29	219	8765	773	466	3852
		204	8	11		1	6	1500	87	75	306
		802	19	202	8	8	213	14739	570	99	1206
1		4853	272	300	8	60	156	12810	1245	848	
2	3	2535	56	180	4	30	185	6266	641	365	1324
2	2	3794	403	302	16	48	91	14855	894	596	1189
3		622	1	43	6	6	46	2065	274	183	764
				70	1	2	91	6371	667	493	555
1		81	4	81		11	13	4819	645	469	607
		170	2	38	2	9	33	1750	212	286	498
		1326	16			6	58	3200	199	181	
		619	62	189		7	108	6339	786	780	126
		1415		17		3	15	778	70		21
							18	309	381		351
5		319	34	69	83	93	64	13458	1614	1963	166
6		976	15	139	65	91	74	7181	1976	1756	703
1		1	1	8	1	3	12		81	41	
		25	3	24	1	22	36	3550	171	37	
12		3		18	14	13	33	400	176	86	22
		126	12		12	13	2	1540	127	45	14
2		4	9	3	7	5	71	5075	73	9	78
65	46	63587	3789	3455	647	1206	4466	270245	25626	19467	44742